我
们
一
起
解
决
问
题

我们每个人的内心都是一座城。

每个人都想用自己的方式来打开对方的城门。

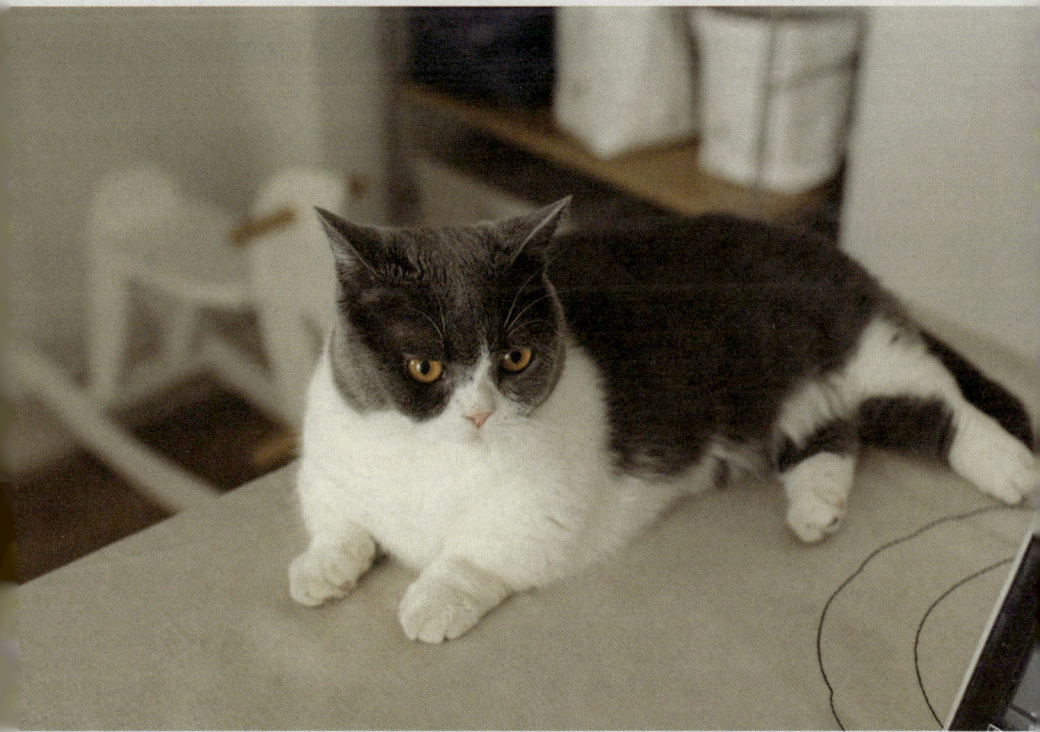

摄影师：恺撒出走

你相信吗？她的眼睛真的会说话！

无论是在工作中，还是在生活中，
我们都想知道最重要的那个人内心真实的想法。

小猫咪能有什么坏心思？

那可不见得呦！

你以为的可能并不属实，真相总是隐藏在事物背后。

摄影师：恺撒出走

如何通过行为发现人内心的"潜台词"？

表情比语言更靠谱，看破你的 100 个心眼子。

摄影师：恺撒出走

微表情·微动作·微语气

任何人都会在不经意间流露出自己内心的秘密，因为他的身体会"说话"。

读懂他的"超多"内心戏……

*+   "

摄影师：恺撒出走

微表情 · 微动作 · 微语气

人们在紧张时、动摇时、内心消极时、有心理戒备时，会做出哪些小动作？

微反应心理学让普通人拥有一双"慧眼"，洞察人的深层心理和真实想法。

帮助你获取准确信息，做出精准应对。

真正理解他人，参透行为规律。

摄影师：恺撒出走

小猫咪能有什么坏心思

微表情、微动作、微语气

[日] 清水建二 著

杨本明
王思嘉 译

「顔」と「しぐさ」で相手を見抜く

人民邮电出版社
北 京

图书在版编目（CIP）数据

小猫咪能有什么坏心思：微表情、微动作、微语气 / （日）清水建二著；杨本明，王思嘉译. -- 北京：人民邮电出版社，2024.7
ISBN 978-7-115-64166-3

Ⅰ．①小… Ⅱ．①清… ②杨… ③王… Ⅲ．①心理学—通俗读物 Ⅳ．①B84-49

中国国家版本馆CIP数据核字(2024)第069856号

内 容 提 要

你以为的可能并不属实，真相总是隐藏在事物背后。要想识别它，就要学会观察。微反应心理学正处于一个快速发展的阶段，且已经成为备受关注的热门研究领域，相关研究成果已经广泛应用于社会生活的各个方面。

本书从微表情、微动作、微语气三个方面系统阐述了隐藏在人们面部表情、肢体动作、语言表达背后微妙的心理活动，告诉我们人在内心紧张、动摇、羞愧、戒备等状况下，身体会流露出哪些微反应，这些微反应能够帮你准确把握对方的内心世界。本书详细介绍了微反应背后生动有趣的心理学知识，能够帮助你理解对方的心理、获取准确的信息，进而做出有效应对，对于打造融洽的人际关系、提升社交技能大有裨益。

本书读者包括学生、家长、职场精英等在内的广大读者，适用于商业谈判、企业面试、人际沟通、亲子互动、恋爱家庭等各种场景。

◆　著　　[日] 清水建二
　　译　　杨本明　王思嘉
　　责任编辑　谢　明
　　责任印制　彭志环

◆ 人民邮电出版社出版发行　　北京市丰台区成寿寺路 11 号
　　邮编 100164　电子邮件 315@ptpress.com.cn
　　网址 https://www.ptpress.com.cn
　　三河市中晟雅豪印务有限公司印刷

◆ 开本：880×1230　1/32　　　　　　　彩插：4
　　印张：8.5　　　　　　　　　　　　2024 年 7 月第 1 版
　　字数：180 千字　　　　　　　　　 2024 年 7 月河北第 1 次印刷
　　著作权合同登记号　图字：01-2023-6153 号

定　价：49.80 元
读者服务热线：（010）81055656　印装质量热线：（010）81055316
反盗版热线：（010）81055315
广告经营许可证：京东市监广登字 20170147 号

真相永远在开口之前

"求求你了,我被一个男人带走了,救救我。"

一条求救信息拉开了故事的序幕。此时,我还不知道这是她给我发送的"最后一条信息"。

我的一位女性朋友被人"绑架"了。

我马上报了警,并积极配合警方调查。在警察局说明情况时,突然,"绑匪"通过她的手机与我取得了联系。

"只要你一个人过来,把钱放到那个公用电话亭,我就放了她。"

糟了!她的手机被"绑匪"发现了吗?

那样的话,她唯一的求救手段也没有了。

此时,我已经想到了最坏的结果。

因为我知道,当初她向我求助时,是躲开"绑匪"用手机给我发出求救信息的。

当时她躲着发出求救信息,此刻莫非已经遭遇了不测?

她是不是不会活着回来了?

但是，只是瞎担心不采取行动的话也无济于事。

我将准备好的赎金拿到了指定地点。

不幸中的万幸，"绑匪"并不知道我已经报了警。在交赎金的地点，已经有许多便衣警察在蹲点了。我在喧嚣的城市中焦急地等待着，我不知道"绑匪"和她将从何处现身。

到了约定的时间，依旧没有"绑匪"的身影。我焦躁不安起来，几十名便衣警察也如临大敌。之后，交赎金的地点一变再变，我也被折腾得头晕眼花。最后，搜查人员终于抓住了"绑匪"。

然而，一个惊人的事实浮出了水面。

"绑匪"竟然是她本人。

根据警方的调查，是她自导自演了这场绑架案，她企图通过伪造绑架事件，从我这里骗走赎金。更令人吃惊的是，警方调查发现，她告诉我的姓名、年龄和职业全是凭空捏造的。

"我和她一起度过的时光，究竟算什么呢？"

迄今为止，一切的一切，难道全部都是为了这次"绑架"而精心策划的吗？这件事在我心中留下了巨大的阴影。

从这一天起，我把我全部的人生都投入了揭开人类"真面目"的工作。随后，在探索各种研究领域的过程中，我邂逅了解读真实人性的科学，并忘我地投身其中。

本书是一本实用指南，介绍了我在试图了解人类内心时所涉足的各种研究，并且介绍了前沿的科学观察方法以及提问方法。

我做研究的初心始于那次有冲击性的体验，让我想要了解人类的内心。当时我研究的主题是"测谎"。不过，由于人类学是对人的了解，随着学习的深入，我渐渐意识到，这些技巧并不只是为了看穿谎言。这些技巧还可以让我们读懂别人的内心世界，深入理解对方，并能戏剧性地改变我们的人际关系。

- 当你接待顾客时，如果知道了顾客的兴趣点，你就能为顾客提供周到的服务。

- 当你做 PPT 展示时，如果察觉到对方一头雾水，你就知道在何处需要做出详细说明。

- 当你面试求职者时，如果注意到对方言行不一，你就可以询问其原因。

- 当你在谈判或商务会谈中了解到对方想达到某种目的时，你就可以提出一个双赢的建议。

- 当你在办公室里注意到有人强颜欢笑时，你就可以恰到好处地关心一下对方。

- 当你遇到了一个可能在撒谎的人时，你就可以深入了解，读懂对方究竟是在撒谎，还是真记不清了。

本书毫无保留地公开了我对人类科学这门学问的所有思考。本书在学术性探究的基础上，还介绍了商务场合或日常生活中的真实案例。此外，本书还同时穿插介绍了我的人生经历。

希望各位读者能够愉快地品读人类五彩斑斓的感情世界，也希望大家能够结合自己的感情经历进行阅读。

目录

第 2 章

微表情会说话 … 029
无论你是谁，微表情"分分钟"就能出卖你

第 3 章

微动作会说话 ··· O81

从瞬间的小动作看懂你

第 5 章

想读懂对方，你得学会这样提问 … 153
怎样问出实话来

就算猫猫不说话，
你也知道它爱你

喵式表白
『我很喜欢你呀！』

身体不说谎

从瞬间的反应看穿你的小心思

你有没有听过"微表情"这个词呢？

2010 年，日本播出了美国福克斯电视台的一部电视剧《别对我说谎》。或许你已经从这部电视剧中了解到了"微表情"这个词。《别对我说谎》是一部剖析人性的电视剧，主人公卡尔·莱特曼博士是一名微表情解读专家。他通过不断地解读犯罪嫌疑人的微表情，侦破了一个又一个案件。

事实上，这部电视剧是根据美国心理学家保罗·艾克曼博士的研究成果制作而成。

那么，微表情究竟是一种怎样的现象，其背后的产生机制又是什么呢？

微表情指的是我们面部的细微反应。人的内心深处那些被压抑的情感，会在无意识间通过微表情流露出来，就如同幻灯片一样倏忽而来，又飘然而去。

20 世纪 60 年代，哈格德与艾萨克斯两位研究人员发现了微表情这一现象。其后，保罗·艾克曼博士将这一概念引入实践。

哈格德与艾萨克斯通过对心理医生与患者进行对话的录像资料进行分析，发现了微表情的存在。这些录像记录了心理医生对入院患者进行诊断的过程，用来判断因有自杀倾向入院的患者是否已经放弃了自杀的念头。

乍一看，录像中的患者面无表情。但两位博士通过对录像逐帧地分析，发现在某一瞬间，患者面部闪过一丝苦恼的表情。在对同样有自杀倾向的患者进行观察研究的过程中，艾克曼博士也发现了同样的现象。为了解开这瞬间的表情变化背后所隐藏的谜团，艾克曼博士展开了他对微表情的研究。

艾克曼博士为这一研究倾注了毕生的心血。或许，他对微表情的研究，与他母亲的自杀有关。在艾克曼 14 岁时，他的母亲选择了自杀。

"如果我能从表情的变化看出自杀的端倪，或许我就能阻止同样的悲剧再次上演。"

正是艾克曼博士的这份信念，促成了微表情研究这门学问的诞生。

在艾克曼博士坚持不懈的努力下，微表情逐渐被应用到各个领域。除了在精神医学领域，在测谎、市场营销、商务谈判等与商业有关的领域，微表情研究也得到了广泛应用。

　　现在，微表情已经成为了解人们内心真实想法的辅助手段，而且近年来，人们还开发出了能够自动检测微表情的相机，这种相机在安全保障和市场营销领域得到了推广和应用。

真心话从何而来

让我们一起来学习最前沿的识人技巧——微表情。

本章将向你说明，要想看穿对方，你绝对不能错过的一些观察技巧。如果你不具备观察能力，却想看穿对方内心的真实想法，就会像有些学习外语的人一样，能开口说却听不懂。因此，如果你无法读懂别人的微表情，即便你巧舌如簧，你也无法得知对方内心的真实想法。

对方的声音所透露的，是谎言？还是求救信号？又或是对你的厌烦？这些信息对方未必会通过明确的语言信息表达出来，此时就需要你拥有敏锐的观察力。

本书将为你说明控制情绪的策略和观察对方心声的技巧，并从微表情、微动作、微语气三个方面展开说明。

考虑到身份地位、个人名誉、人际关系、文化背景、个人隐私等各种各样的因素，在通常情况下，我们不会把真心话通过语言表达出来。然而，即便如此，真心话还是会通过我们身体的三个渠道流露出来，并按照某种顺序呈现。

情感流露模型

有一种叫作情感流露模型的东西，为我们提供了几个观察要点，可以帮我们一窥对方的真实想法。

情感流露模型告诉我们，真心话会通过三个非语言渠道表现出来，分别是面部表情、肢体动作、说话声音。我们能够得心应手地运用语言，同样，我们也可以灵活地控制面部表情、肢体动作和说话声音，并借此隐藏我们的真实想法。然而，想要做到这一点，绝非易事。

请设想一下，你坐在接待访客的位子上，听着合作伙伴滔滔不绝地发言。想象一下你自己脸上堆满了百般讨好的笑容。哪怕彼时你内心感到十分无聊，甚至痛苦万分，你依旧在强颜欢笑。

请再设想一下，你正在和妻子争吵。哪怕你们吵得不可开交，当公司领导打来电话时，你也会用平静的语气来掩盖自己因愤怒而颤抖的声音。

当然，你还需要注意一下自己的肢体动作。

当你感到悲伤时，肩膀会下垂。哪怕你克制着颤抖的声音极力保持平静，你的呼吸依旧急促，全身仍不由自主地紧绷。

情感流露模型告诉我们，控制内心真实想法外露的难易顺序依次是：（1）面部表情；（2）说话声音；（3）肢体动作。换言之，肢体动作最难控制，也就是说，我们可以通过肢体动作一窥他人的内心。

再进一步，请思考这样一种情况。通过观察肢体动作，我们确实能够了解对方的某些真实想法。然而很多时候我们却无法通过面部表情和说话声音解读对方的这些真实想法。

举个例子，我们可以通过观察对方的表情，明确区分并解读出对方的轻蔑、厌恶、悲伤情绪，以及他是否内疚，但我们无法通过对方的肢体动作解读出上述信息。

"面部表情和说话声音包含了对方的真实想法。但是人们对此的控制如此娴熟，以至于我们想要解读对方的真实想法，只能通过肢体动作略知一二。"

我们很容易因此陷入两难的境地。

有什么办法可以帮助我们摆脱这种进退两难的局面呢？

在下一节中，我会为你详细讲解。

被控制的"真心话"会通过微表情和微动作表现出来

通过解读"微表情"和"微动作"，我们就能解决这一进退两难的问题。

微表情是指我们面部的细微反应。人的内心深处那些被压抑的情感，会在无意识间通过微表情流露出来，就如同幻灯片一样倏忽而来，又飘然而去。

如前文所述，我们可以巧妙地控制面部表情来隐藏内心真实的想法。但是，微表情却可以短暂地穿越我们布置的天罗地网，在不经意间暴露我们的真实想法。

一般而言，人们的面部表情的停留时间是 0.2 秒左右，稍不留神，便无法分辨。然而，如果你能解读对方的微表情，就可以准确地捕捉到对方的情绪，并可以窥见其真实的想法。

微动作是指碎片式肢体动作。日常压抑的情绪，会在无意识间展现在"警戒区域"以外。这一"警戒区域"指的是下巴以下到腰部以上的范围。碎片式肢体动作，具体指的就是"警戒区域"外的身体某一部位的动作。

换言之，即便你忍着不说真心话，你的身体也会在无意间出卖你。下巴以下，腰部以上的这一"警戒区域"以外的身体部位会表露你的真实想法。

原本你只能猜个大概的事情，一旦你能读懂微动作，你就可以精准地理解对方从肢体动作中流露出的真实想法。

声音也会流露出真心话

此外，声音的作用也不可小觑。

微语气是指声音的高低和音调变化。然而，一些没有完整意思表达的"只言片语"，以及措辞的变化也值得关注。这是因为我们可以从声音的高低、音调的变化读懂对方的情绪，甚至可以从微妙的措辞中推测出对方的真实想法。

只要你掌握了微表情、微动作和微语气这三大法宝，并仔细观察，你就可以借此认清对方的本真面貌，而不受语言的束缚。

人们通过"抑制"和"表露"情绪来控制真实想法

在这一部分，我将为你进一步阐述情绪的使用方法及其效果。

控制真实想法是指通过控制情绪，借助表情、肢体动作和声音向外界发出信息，而这些信息与他们内心真实的想法完全不同。

控制情绪一般来说要通过两种途径：一种是抑制，另一种是表露。

抑制指的是压抑真实的情绪，表露指的是输出真实的情绪。

关于控制情绪，接下来我将通过表情为你介绍其详细的分类。如何借助表情控制情绪呢？我们已知有以下 6 种方法。

- 强化
- 弱化
- 中立化
- 修饰化
- 伪装化
- 隐藏化

强化是指强化自己真实的感受。

比如，你可以在喜剧演员、美食记者的表情中观察到这种强化。当喜剧演员对某件事感到些许惊讶时，为了把这种惊讶传递给观众，他会用夸张的表情表现出来。

美食记者强化表情的方法也如出一辙。当他吃了一口食物，觉得味道还可以时，为了将食物的美味传递给观众，他会用极其夸张的表情表现出来。

弱化是指减弱自己真实的感受。

假设你在飞机上和陌生人相邻而坐，飞机突然遭遇了强

强化

弱化

中立化

修饰化

伪装化

隐藏化

气流。你的内心焦躁不安、惊恐万分。但为了寻求安慰，说不定你会没话找话，向旁边的人反复寻求安慰，说一些"没事吧""不会掉下去吧"之类的话。

这时，邻座的人嘴上说着"不用紧张"，但是他的眼神中却透出一丝不安。这时，因为他要安抚你，就算自己十分害怕，他也会拼命压抑住内心的恐惧，佯装风平浪静。

中立化是指隐藏真实的感受，用平常的表情表现出无所谓的态度。

中立化表情也就是所谓的"扑克脸"，即面无表情。

打扑克牌时，我们拿到有利于自己的牌，不要喜形于色；拿到不利的牌，要气定神闲。这就是中立化的例子。

修饰化是指在真实的情绪上覆盖新的情绪。

比如，上司正在斥责下属，一副愤怒的表情。可是，当他看到下属失落、焦虑时，上司会反思自己是不是说得太过分了。

于是，上司又会和颜悦色地对下属说："我之所以严厉批评你，是因为对你有所期待。"这是在真实的情绪之上覆盖另外一种情绪，借此掩饰先前的情绪。这是修饰化的例子。

伪装化是指当你感受到某种情绪，或没有任何感受时，将完全没有感受到的情绪表演出来。

打个比方，你嘴上说着"我很伤心"，并装出一副伤心的模样，但是你其实根本不伤心。这是伪装化的例子。

隐藏化是指用其他的情绪来隐藏真实的情绪。

皮笑肉不笑是隐藏化的典型例子。

比方说，在某些情况下，你非常情绪化，内心十分愤怒，想要爆发出来。客户、领导、前辈对你提出了过分的要求，让你焦躁不安，情绪的洪流马上就要决堤。但是为了维护与他们之间的关系，你的脸上堆满了笑容。你用强颜欢笑隐藏愤怒的情绪，这是隐藏化的例子。

尽管我们目前尚不确定，肢体动作和说话声音能否像面部表情一样形象地展示人的内心世界。但从经验上看，我们可以用肢体动作和说话声音来控制情绪，其方式类似于我们控制面部表情。

　　总之，弱化、中立化、隐藏化是抑制情绪；强化、修饰化、伪装化是表露情绪。当人们控制情绪时，如果想准确地读懂对方的真心，就需要学会以上方法。

微表情有"文化差异"，还是"世界共通"

我们可以认为，微表情是被压抑的情绪在无意识间的瞬间流露，是情绪失控的结果。或者说，微表情是对表情的运用。

要想熟练捕捉这些微表情，我们必须了解一些基本的面部表情，再了解一些面部动作。通过学习基本的面部表情和面部动作的知识，我们就能够训练出真正的识人慧眼，从而准确地把握他人表情的变化，读懂对方的微表情。

- 是不是所有人的表情都是千篇一律的呢？
- 婴儿和成年人、男性和女性，本国人和外国人、古人和现代人……他们的表情看起来有什么不同吗？
- 既然表情不同，我们是不是需要学习世界各地的人的表情呢？

或许你存有这样的疑问。

大可不必。研究表明，表情是一种普遍现象。当一个人有了某种情绪，无论何时何地，无论他是谁，都会通过类似的面部肌肉组合表现出来，这是全世界共通的。

表情是世界共通的——最有说服力的证据来自对视障者表情的观察。

假设我们来到了残奥会的柔道赛场，观察对象是来自世界各地的盲人柔道选手。当他们胜利或失败时，会流露出怎样的表情呢？

胜利时，他们的左右嘴角一起上扬，眼角皱起。这就是我们所说的"微笑"。

失败时，他们的眉毛会变成"八"字形，左右嘴角下垂，下巴会堆起皱纹。这是悲伤表情的典型特征。

有研究表明，视障者的面部肌肉的运动方式和视力正常者的面部肌肉的运动方式是一样的。

这项研究的可贵之处在于，它并不是在实验室里研究有意识地摆出的表情，而是真实记录了有不同文化背景的视障者在自然状态下的面部表情。这项研究为"表情是世界共通的"这一观点提供了强有力的证据。

关于表情世界共通的实验

那么，表情世界共通这一观点究竟源自何处呢？

这一观点的起源可以追溯到查尔斯·罗伯特·达尔文的论述。1872 年，达尔文发表了题为"人类和动物的表情"的文章。达尔文指出人类和哺乳动物的面部表情有相似之处。

达尔文认为，面部表情和情绪是生物生存于世的能力，生物天生就有在面部表情中表达自己情绪的能力，无须向他人学习。同时，达尔文认为，所有的人类，不论属于哪个种族或有何种文化背景，都会以相同的面部表情来表达相同的情绪。

然而，达尔文的观点起初还是遭到了文化人类学家的激烈批判，不过这些声音不久便销声匿迹了。

因为汤姆金斯、艾克曼、伊扎德和弗里森等心理学家的一系列研究和实验，都证明了达尔文的英明。

汤姆金斯在 1962 年发表的一系列研究中得出以下结论，"情绪和面部肌肉之间具有密切关联。"在汤姆金斯之后，艾克曼和伊扎德相继展开研究，最终得出了同样的结论。

艾克曼和伊扎德二人所做的实验是，向不同文化背景的人们展示白种人的各种面部表情的照片，并要求他们判断这些表情各自代表什么含义。

实验结果表明，尽管正确率因参与者的文化背景不同产生了一些偏差，但无论参与者属于何种文化背景，他们都能正确解读出白种人的面部表情。

该实验得出结论：全世界共通的表情共有 6 种，分别是幸福、厌恶、愤怒、悲伤、恐惧和惊讶。

然而，文化人类学家又做出了强有力的反驳。

"之所以来自不同文化背景的人能够正确判断白种人的面部表情，是因为他们的文化通过大众媒体扩散到了世界各个角落，这些实验参与者事先见过白种人的面部表情。因此，他们生来就具有识别白种人面部表情的能力。"

达尔文提出，表情具有共通性。

⬇

后来的研究证明了几种共通的表情。

查尔斯·罗伯特·达尔文

| 幸福 | 厌恶 | 愤怒 | 悲伤 |
| 恐惧 | 惊讶 |

这是一个听起来非常合理的反驳意见。

此后，艾克曼的研究小组对新几内亚土著进行了两项调查。这些土著从未受到过诸如电视、杂志等大众媒体的影响。

第一项调查是向土著展示白种人的各种面部表情的照片，要求他们判断看到的是什么表情。

第二项调查是向从未见过土著的白种人展示土著的各种面部表情的照片，要求他们判断看到的是什么表情。

结果显示，从未见过白种人的土著和从未见过土著的白种人都能正确地识别对方的面部表情。通过这项调查，表情世界共通这一说法广为人知。

在艾克曼之后，各种研究相继展开。研究对象扩展到不同文化背景的人，包括婴儿、视障者，存在世界共通的表情这一事实更加清晰明了。

截至 2016 年，研究发现，全世界共通的表情有 7 种，分别是：幸福、轻蔑、厌恶、愤怒、悲伤、恐惧、惊讶。另外，对于是否属于全世界共通的表情这一课题，还在继续研究的有 11 种表情，分别是：羞愧、自责、内疚、畏惧、骄傲、期待、愉悦、兴奋、快乐、安心、满足。

微表情也有文化差异

尽管有证据表明，表情是世界共通的，但人们依旧存疑，表情是否会因文化背景不同而产生差异呢？产生这一疑问的原因，主要是表情在很大程度上依赖于我们自身的体验。

我们很难摆脱对表情差异的刻板印象。比如，我们一般认为美国人率直，日本人含蓄。1972 年，一位名叫弗里森的博士生进行了一项研究，为我们解答了这个疑惑。研究内容如下。

研究人员让一名美国人和一名日本人分别进入一间实验室，让他们分别单独观看令人不快的影像，同时用隐藏的摄像机进行拍摄，以观测他们的反应。结果显示，美国人和日本人面对令人作呕的画面都表现出不愉快的表情。这个结果佐证了表情世界共通的理论。

在接下来的实验中，在给美国人和日本人分别观看令人不快的画面的同时，让一位研究人员陪同观看。隐藏的摄像机拍下了该过程。结果显示，美国人的反应与此前一样，是不愉快的表情，而日本人竟然面带微笑。

这表明表情存在文化差异。

事实上，对面部表情的影响不仅存在于不同的文化背景中，也存在于各种不同的群体。男性和女性、儿童和成年人、军人和商人、上级和下级之间也存在差异。

情绪表达规则指的是在某个群体中，在某些情况下，表现出合适表情的规则。一般而言，从儿童时期起，我们便在耳濡目染中学习了情绪表达规则。

总之，表情是世界共通的。但是在如何控制表情方面，存在文化差异，或者说，存在群体差异。

做坏事被抓现行，
发现一只心虚的猫猫

喵式表白

『我翻垃圾桶，但我是好猫。』

第 2 章

微表情会说话

无论你是谁，微表情『分分钟』就能出卖你

　　本章将向你说明全世界共通的 7 种表情：幸福、轻蔑、厌恶、愤怒、悲伤、恐惧、惊讶。

　　虽说人能够控制表情，但基本表情是世界共通的。因此，就算我们能控制表情，微表情依旧会在不经意间流露出来。而微表情的典型特征也是世界共通的。

　　因而，我们需要学习被人为控制之前的表情所具备的基本特征。通过学习表情的这些基本特征，我们就能够掌握人为控制表情的蛛丝马迹，读懂复杂的表情，察觉情绪之外的面部肌肉动作。表情看似简单，实则不然。要想读懂表情，你必须认真观察细微的面部肌肉动作，以及皱纹形状的变化。

识别无情绪表情

在观察对方的表情变化之前，你需要事先掌握什么是中立表情。

中立表情指的是人们没有任何情绪时的表情。如果你不能识别对方无情绪时的模样，当对方流露出某种表情时，你可能会误认为对方没有任何表情。这是因为我们面部的动作，除了表达情绪之外，还可以展示许多其他信息：比方说，说话时嘴形的变化，吞咽唾液时嘴形的变化，擦鼻涕时鼻子的变化，若有所思时眉毛的变化，等等。为了能够准确地捕捉他人情绪的变化，我们需要掌握对方中立表情的模样。

中立表情主要分为 3 种，分别是面如止水的无表情、表达情绪时的一些表情习惯，以及与情绪无关的面部动作。

无表情指的是面部没有任何动作时的表情。准确识别这种表情的关键点在于，掌握面部的左右对称程度和皱纹形状。

只要没有做过面部整形手术，人的面部都会有或多或少的左右不对称。在观察面部表情时，如果你没有考虑到面部原本就是不对称的，单从对方面部是否对称的角度去判断，那么，你极有可能误判。比如，对方明明只是单纯地微笑，你却误以为他的笑容表示轻蔑或撒谎。

如何观察皱纹呢？面部皱纹因人而异，有的人皱纹很多，有的人则几乎没有皱纹；有的人皱纹很深，有的人皱纹很浅。因此，有的人即使表情发生了变化，也不会表现出明显的皱纹变化。比如，对方原本面部皱纹就很深，他明明微笑了，但你却可能看不出任何表情。为了避免产生误会，我们必须掌握对方面无表情的状态。

尤其值得注意的是，即便对方面无表情，也并不意味着他的内心没有情绪的波动。在以下两种情况下，人可以做到面无表情。一是刻意控制情绪，没有表现在面部；二是情绪不够强烈，不足以表现出来。

无论如何，每个人都会不可避免地流露出微表情，只要你仔细观察对方的面部细节，你就能从看似无表情的面部捕捉到情绪的蛛丝马迹。只有在极少数情况下，因为精神和面部神经存在一些问题，有的人会面部肌肉僵硬，无法自然地做出表情。上述情况不在本书讨论之列。

在我们表达情绪时，每个人都有自己的表情习惯。原本是表达 A 情绪的表情，对某人来说，可能就变成了表达 B 情绪的表情。举个例子，微笑时，有的人会皱鼻子。但通常情况下皱鼻子表示的是厌恶。

有的人皱鼻子就是表示微笑，至于究竟是笑容中夹杂着厌恶的表情，还是这个人笑起来就是这个样子，我们可以通过观察对方的表情习惯来区分。人们的表情习惯五花八门、千差万别，必须区别看待。我们可以先从认真观察每个人的表情习惯开始。

与情绪无关的面部动作指的是表现情绪之外的一些面部动作。比如在前文中提到的，说话时的嘴形变化，吞咽唾液时的嘴形变化、擦鼻涕时鼻子的变化、若有所思时眉毛的变化，等等。

微表情

微动作

微语气

幸福的表情

幸福的表情是接纳、期待、承认、喜悦、期待、兴奋等肯定的情绪表现的总称。幸福的表情，源于我们达成了某种目标。该表情的作用是激励斗志，激发身体能量。

最常见的幸福的表情就是我们常说的微笑。

微笑的表情有两个动作特点。

1. 嘴角上扬。
2. 眼睛周围肌肉收缩。

通过这两个动作，我们的脸颊会自然上提。当我们做动作 1 时，法令纹会水平舒展；当我们做动作 2 时，会产生眼角纹。眼角的皱纹因为和乌鸦留下的足印很像，因此又叫作"乌鸦掌纹"（俗称鱼尾纹）。

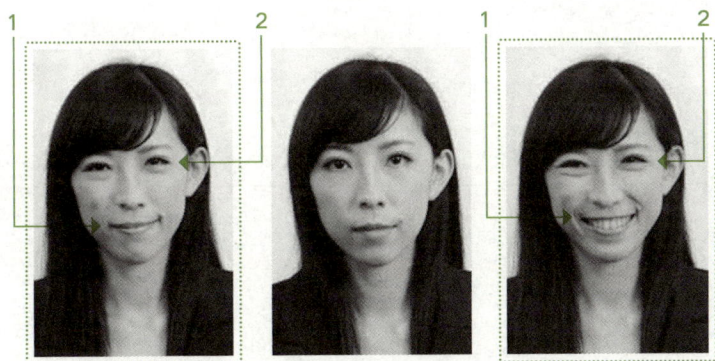

轻度幸福　　　　　　中立　　　　　　幸福

1. 嘴角上扬，法令纹向水平方向舒展。
2. 眼睛周围肌肉收缩，形成"乌鸦掌纹"（鱼尾纹）。

微表情

微动作

微语气

轻蔑的表情

轻蔑的表情是有优越感、不屑、轻慢等否定的情绪表现的总称。轻蔑的表情是由他人不道德的、令人不齿的行为引起的，它的作用是可以让人产生一种优越感。

轻蔑的表情只有一个动作特点。

单边嘴角上扬。

这个动作不分左右嘴角，左右皆可。只要是单边嘴角上扬，就表示轻蔑。

当我们流露出轻蔑的情绪时，单边脸颊会向上提，同边的法令纹会向水平方向舒展。

轻度轻蔑   中立   轻蔑

单边嘴角上扬。   单边面部形成酒窝。

微表情

微动作

微语气

厌恶的表情

厌恶的表情是反感、拒绝、嫌弃等否定的情绪表现的总称。厌恶的表情是由污染物、令人不悦的言行举止、腐烂的物体等触发的。该表情的作用是对不堪的事物表示反感以及排斥。

厌恶有两个较为典型的表情模式，各有一个动作特点。

1. 鼻子周围形成皱纹，眉毛下压，鼻孔收缩、眼睛变小。

2. 上嘴唇上扬，使上嘴唇呈"梯形"，法令纹呈"吊钟形"。

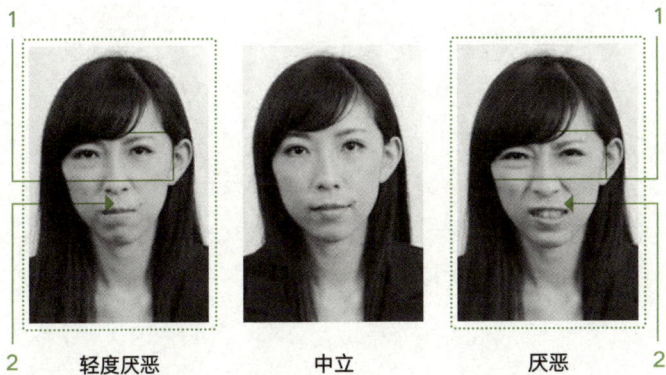

1　　　　　　　　　　　　　　　　　　　　　　1

轻度厌恶　　　　　　中立　　　　　　厌恶

2　　　　　　　　　　　　　　　　　　　　　　2

1. 鼻子周围形成皱纹，眉毛下压，鼻孔收缩、眼睛变小。
2. 上嘴唇上扬。

微表情

微动作

微语气

039

愤怒的表情

愤怒的表情是坐立不安、心烦意乱、不和睦、愤愤不平等否定的情绪表现的总称。

引起愤怒情绪的原因是人们在实现目标的过程中遭遇瓶颈、受到不公正对待、遇到不守规则的情况。该表情的作用是试图表达不满。

愤怒的表情有四个动作特点。

1. 眉头紧锁，双眉下压。

2. 双眼瞪大。

3. 下眼睑用力绷紧。

4. 上下嘴唇用力收缩、抿紧。（有时由于嘴唇受到外力压迫，也会张开嘴巴。）

由于紧皱眉头，双眉间会形成斜 45 度左右的横向皱纹。

由于下眼睑受力，下眼睑的皱纹会加深。由于嘴唇上下受力，嘴唇红色部分的面积会缩小。

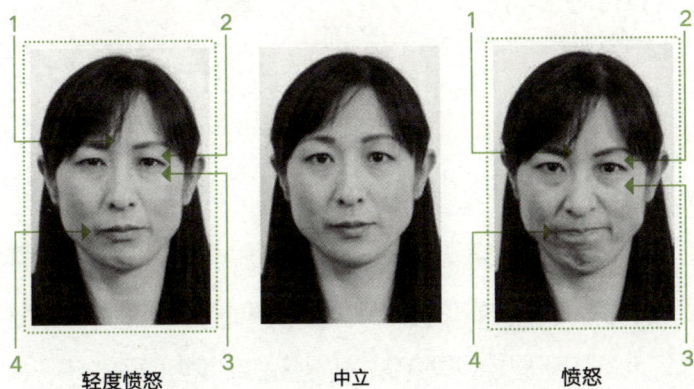

轻度愤怒　　　　　　中立　　　　　　愤怒

1. 眉头紧锁，双眉下压，眉间形成皱纹。

2. 双眼瞪大。

3. 下眼睑用力绷紧。

4. 上下嘴唇用力收缩、抿紧，有时嘴巴会张开。

微表情

微动作

微语气

悲伤的表情

悲伤的表情是大失所望、怅然若失、有挫败感、期望落空、想象幻灭等否定的情绪表现的总称。悲伤情绪产生的原因，大多是丢失了重要物品，或是失去了重要的人。该表情的作用是想要失而复得，寻求帮助。

悲伤的表情主要有以下 3 个动作特点。

1. 双眉内侧皱起。
2. 嘴角下垂。
3. 下嘴唇向上收紧。

动作 1 中双眉内侧皱起，眉毛呈"八"字，额头呈现"山"形皱纹。有时在双眉内侧皱起的同时，双眉也会向中间收缩。这时，还有可能会形成斜 45 度左右的皱纹。动作 2 中嘴角下垂会加深法令纹。动作 3 中下嘴唇向上收紧会在下巴上形成梅干状的皱纹。

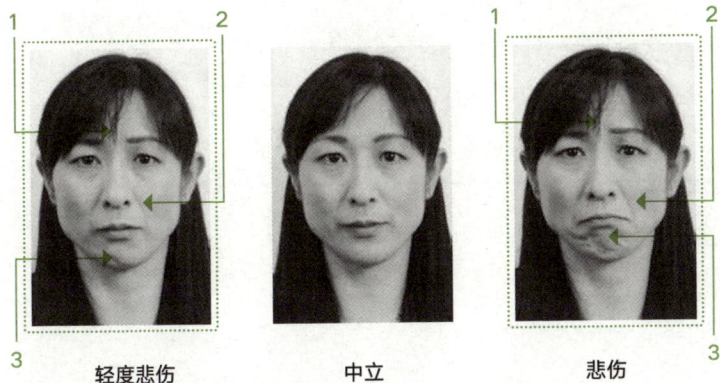

轻度悲伤　　　　　　　中立　　　　　　　　悲伤

1. 双眉内侧皱起，眉毛呈"八"字，额头呈现"山"形皱纹。
2. 嘴角下垂，法令纹加深。
3. 下嘴唇向上收紧，下巴有皱纹。

微表情

微动作

微语气

恐惧的表情

恐惧的表情是不安、不确定、警告等否定的情绪表现的总称。引起恐惧表情的原因是身体或精神上感受到威胁。该表情的作用是想要回避威胁、减少伤害。

恐惧的表情具有以下四个动作特点。

1. 眉毛上扬，眉心紧锁。
2. 双眼睁大。
3. 下眼睑用力收缩。
4. 嘴巴水平张开。

动作 1、2 同时进行，在眉毛周围和额头上形成皱纹。动作 3 会加深下眼睑的皱纹。动作 4 会使下巴被拉直，嘴唇红色部分面积变小。

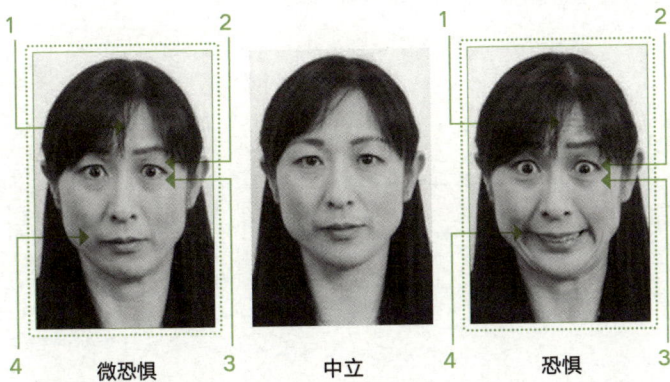

微恐惧　　　　中立　　　　恐惧

1. 眉毛上扬，眉心紧锁，在眉毛周围和额头上形成皱纹。

2. 双眼睁大。

3. 下眼睑用力收缩。

4. 嘴巴水平张开。

微表情

微动作

微语气

惊讶的表情

惊讶的表情是困惑、惊讶等中立性的情绪表现的总称。产生惊讶情绪的原因是眼前突然出现了新鲜事物。该表情的作用是搜寻信息。

惊讶的表情有 3 个动作特点。

1. 眉毛上扬。

2. 双眼睁大。

3. 嘴巴张开。

动作 1 会在额头形成横向皱纹。

轻度惊讶　　　　　中立　　　　　惊讶

1. 眉毛上扬，额头形成横向的皱纹。
2. 双眼睁大。
3. 嘴巴张开。

微表情

微动作

微语气

11 种社会性表情

从本节开始我将为你说明 11 种社会性表情，也就是准世界共通的表情，以及这 11 种表情何以出现，出现于何时，何地，何人身上。这 11 种表情分别是羞愧、自责、内疚、畏惧、骄傲、期待、愉悦、兴奋、快乐、安心、满足。

准世界共通表情和世界共通表情之间的区别在于，共通表情关乎人的生存，而准共通表情则不然。共通表情是人生存于世不可或缺的东西。一旦没有惊讶的表情，我们就有可能不能更好地获取信息。同样，没有了厌恶的表情，我们就有可能受到外界的伤害。

然而，就算没有准世界共通表情，我们也能生存。准世界共通表情之所以存在，完全是为了让我们举止得体。与共通表情不同，准共通表情是一种意识到他人的存在才会流露出的表情，是一种社会性表情。为什么这么说呢，让我们接着往下看。

羞愧的表情

羞愧的表情是出丑、尴尬、后悔等情绪表现的总称。引起羞愧的原因是自己身体或认识的失误。该表情具有修补矮化的自我形象，以及试图道歉的作用。

羞愧的表情具有以下 5 个动作特点。

1. 嘴角上扬。
2. 双唇抿紧。
3. 头部向左倾斜。
4. 低头。
5. 视线看向下方。

微表情

微动作

微语气

中立　　　　　　　　羞愧

1. 嘴角上扬。
2. 双唇抿紧。
3. 头部向左倾斜。
4. 低头。
5. 视线看向下方。

自责的表情

自责的表情是对自我不满意、自卑、悔恨等情绪表现的总称。可能产生自责情绪的原因是自己违反公序良俗并且被暴露。该表情的作用是让人意欲保留最后一丝体面。

自责的表情有以下两个动作特点。

1. 低头。

2. 视线向下。

中立

自责

1. 低头。
2. 视线向下。

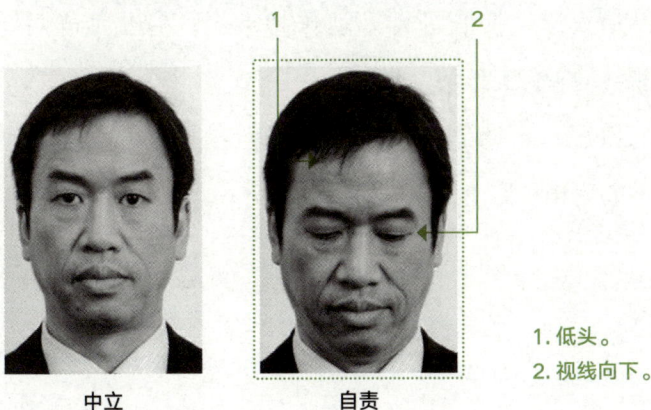

内疚的表情

内疚的表情是后悔、良心不安、期待落空等情绪表现的总称。

内疚情绪产生的原因是自己违反了行为准则或者社会规则。该情绪的作用是可以让人尝试赔偿所造成的损失，以及不要再次违反规则。

内疚的表情有两种典型的情况，动作特点各有不同。

情况一、妄自菲薄。动作特点：1.左边嘴角上扬；2.视线向下；3.低头。

情况二、感同身受。动作特点：1.眉毛内侧上挑；2.眉心紧锁；3.头部向后缩。

  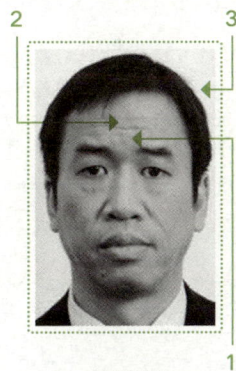

内疚情况一　　　　　中立　　　　　内疚情况二

1. 左边嘴角上扬。
2. 视线向下。
3. 低头。

1. 眉毛内侧上挑。
2. 眉心紧锁。
3. 头部向后缩。

微表情

微动作

微语气

O53

畏惧的表情

畏惧的表情是慌乱、惊惧、畏缩等情绪表现的总称。引发畏惧情绪的原因是我们正在面对威势巨大的人或事。

畏惧表情的作用是引起人的注意、兴趣、好奇心、求知欲等。

畏惧的表情具有以下 4 个动作特点。

1. 眉毛内侧上扬。
2. 双眼睁大。
3. 抬头。
4. 嘴巴张大。

中立

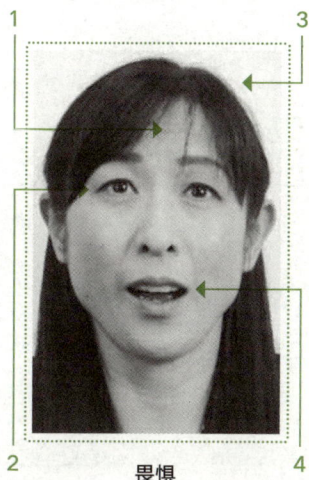

畏惧

邮
电

1. 眉毛内侧上扬。
2. 双眼睁大。
3. 抬头。
4. 嘴巴张大。

骄傲的表情

骄傲的表情是受到很高评价时所展现出的情绪表现的总称。感到骄傲的原因是自己完成了有价值的事情。

骄傲的情绪能够确保或提高个体在集体中的地位。

骄傲的表情具有以下 3 个动作特点。

1. 嘴角上扬。
2. 嘴唇上下绷紧。
3. 抬头。

中立

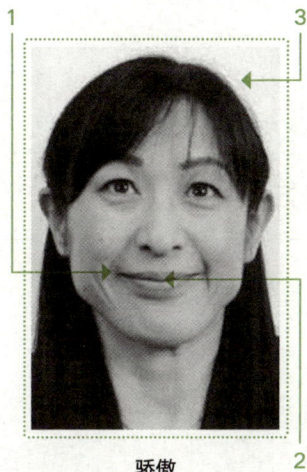

骄傲

1. 嘴角上扬。
2. 嘴唇上下绷紧。
3. 抬头。

微表情

微动作

微语气

期待、愉悦、兴奋、快乐、安心、满足的表情

广义上讲，期待、愉悦、兴奋、快乐、安心、满足都属于幸福情绪。根据幸福来源的不同，我们对幸福情绪的命名也不一而足。但所有幸福的表情都有两个共同的动作特点。

1. 嘴角上扬。
2. 眼睛周围的肌肉收缩。

由于每种幸福表情产生的时机和持续时长不同，仅从视觉上，我们很难明确区分每一种幸福表情。

如何区分"沉思的表情"和"愤怒的表情"

聚精会神的神情可以细分为两种类型，因情绪波动而产生的此类表情叫"愤怒"，因认知行为而产生的此类表情叫"沉思"。聚精会神的神情只是一个简称，并非专业术语。

接下来，我将为你说明聚精会神的神情的特点。

"愤怒"的表情在前文中已经做出说明。

"沉思"表示一种若有所思、搜肠刮肚、绞尽脑汁的状态。

"愤怒"和"沉思"这两种情绪会表现出相似的面部表情，动作特点如下。

1. 双眉向眉心集中，并下垂。
2. 双眼睁大。

微表情

微动作

微语气

3. 下眼睑用力。

4. 嘴唇上下收紧；或者嘴唇用力，嘴巴张大。

请思考，为何"愤怒的表情"和"沉思的表情"会呈现出同一副面孔？答案是，它们都需要集中注意力。

当你正专注于某件事时，突然被外界打断，你肯定会感到愤怒。这时，你会向下皱起双眉，睁大双眼，想集中注意力排除干扰。

另一方面，当人陷入"沉思"时，会专注思考。一旦注意力高度集中，整个面部就会变得十分紧绷，这也是愤怒表情的特点。

那么问题来了，如何区分二者在面部肌肉动作上的不同呢？有两个办法：（1）观察面部动作特点数量的多少；（2）留意面部动作的停留时间。

当你感到愤怒时，动作 1～4 都会表现出来，或者动作 1、4 的微表情会在面部留下蛛丝马迹。

当你陷入沉思时，有 3 种情况：（1）只表现动作 1；（2）动作 1 和双眼紧闭；（3）动作 1 和双眼注视着某处、双唇上下用力收紧。上述动作都会在面部稍微停留一些时间。

　　一般来说，当人们在公众场合时，即便感到愤怒，也不会表现在脸上。这种时候，哪怕怒火中烧，人们表面依旧会风平浪静，只会留下一丝丝微表情的痕迹。

　　然而，人们并不介意表露"沉思的表情"，因此，长达数秒的"沉思的表情"会显现于面部。

微表情

微动作

微语气

如何区分"惊讶的表情"和"感兴趣、关注、怀疑的表情"

本节将为你讲述信息检索表情。

信息检索表情只是一个简称，并非专业术语。

信息检索表情在情感波动上表现为"惊讶"，在认知行为上表现为"感兴趣""关注""怀疑"。

"惊讶的表情"在前文中已经做出说明。"感兴趣""关注""怀疑"指的是对新信息表示持续关注。

"惊讶"与"感兴趣""关注""怀疑"的表情是类似的。

这种表情的动作特点如下。

1. 眉毛上扬。
2. 双眼睁大。

3. 嘴巴张开。

你或许想知道，为什么"惊讶"和"感兴趣""关注""怀疑"的表情类似呢？

这是因为它们都表示对信息的检索。打个比方，当你听到一声巨响时，你的第一反应就是眉毛上扬，双眼睁大，嘴巴张开，眼睛看向发出声音的方向。你会仔细观察情况，想要弄清楚究竟发生了什么？响声来自哪里？这些都表示了你对信息的检索。

如果信息检索瞬间结束，就会变为惊讶。如果信息检索持续一段时间，就会成为认知行为上的"感兴趣""关注""怀疑"。

如何进行分辨呢？有两个办法：（1）观察面部动作的特点；（2）留意表情停留时间的长短。

"惊讶"会在面部形成 0.2 ~ 1 秒的微表情。

"感兴趣""关注""怀疑"与"惊讶"的区别在于，直到信息检索结束，这些动作都会停留在面部。

微表情

微动作

微语气

情绪压抑和大脑飞速运转时的面部表情

情绪压抑和大脑飞速运转时的面部表情也具有相似性。为了便于说明，我们称前者为情绪压抑型面部表情，称后者为认知负荷型面部表情。

该表情与"沉思的表情"有类似之处，但也有一些不同，这里专门进行解释说明。

情绪压抑型面部表情指的是压制住某种情绪时的面部表情。认知负荷型面部表情指的是大脑飞速运转时所表现出来的面部表情。

这两种情绪的面部表情几乎一样，难以分辨。

其动作特点如下。

1. 面部形成笑窝。

2. 嘴角向下。

3. 下嘴唇向上。

4. 嘴唇上下用力抿紧。

还有一些其他的动作。比如咬紧嘴唇，或向内抿嘴，或歪着嘴唇。这些动作有时会同时发生，但更常见的是只有动作 1 或者只有动作 2 和 3。

观察这一微表情时，你需要注意几点。动作 2、3 和悲伤的表情的动作特点一致，动作 4 和愤怒的表情的动作特点一致。因此，你需要对具体情况进行具体分析。经过大量研究，我们发现，动作 2、3 往往在撒谎者脸上容易被观察到。

微表情

微动作

微语气

眼睛会说话

最后，还有一个尤为重要的观察要点：眼睛。

眼睛的动作主要分为两类：（1）眨眼动作；（2）眼珠转动。

眨眼最基本的作用是让眼球保持适度湿润，这是生理因素，还有心理因素。

通常，当我们紧张时，眨眼频次会增加。当我们集中注意力时，眨眼频次会减少。

然而，任何情况都有可能导致人的眨眼频次发生变化。因此，我们需要仔细分析究竟是物理因素引起的眨眼，还是心理因素引起的眨眼。

我曾经在一档电视节目中分析过人的面部表情。

"快看，现在他的眨眼频次增加了，这说明他紧张。紧张的原因似乎来自我们正在谈论的话题。"

我在电视节目中解说了眨眼的奥秘。但有人看了我的评论后指出："您本人眨眼更加频繁呢。"

这是为什么呢？我回看了节目，发现我仔细观看嘉宾录像时的眨眼频次确实比我分析嘉宾表情时的更高。难道是上节目的缘故，我也跟着紧张起来了？

真实情况是什么呢？其实是摄影棚给我打得聚光灯太亮了，我的眼睛受到了刺激，因此眨眼频次增加。之前也发生过类似的情况。我在参加一个微表情分析讲座录像时，因灯光太强，我的眨眼频次比平时高了很多。

当然了，这些都是生理表现，眨眼是为了充分滋润眼球。另外，刮大风时眼里进了灰尘，为了排除异物，眨眼次数会瞬间增加，这也是生理反应。由于眼球的敏感性，眨眼频次常常受到环境变化的影响。

当你观察到对方频繁眨眼时，要注意辨别，究竟是生理因素引起的，还是心理因素引起的。

微表情

微动作

微语气

转动的眼球告诉你真相

本节为你详细说明眼球动作。

下面是常见的两个眼球动作。

1. 说话人的视线忽上忽下。
2. 说话人的视线集中。

你知道其中的奥秘吗？

原则上，视线意味着"注意力"。当我们和对方交谈时，必须思考、回忆。此时，如果我们把视线集中到对方身上，就无法集中精力对话。这是因为视觉信息会干扰注意力。

因此，当我们看向天花板，或者低头看向地面时，会比面对面直视对方要接收更少的视觉信息，大脑更容易集中精力思考。

只要你把眼睛闭上，就可以完全隔绝视觉信息的干扰，集中注意力。

有的人为了集中注意力，故意直视前方，将视线固定在某一点。这和向上看或向下看的原理一样。他们集中看向某一点，模糊周围视线，好将注意力集中到自己身上。

"眼神不会说谎。"这句话你一定听得耳朵都起茧子了。但是以现在的科技水平，除非借助特殊仪器，否则我们几乎无法仅通过眼球动作来看穿谎言。但是，我们可以把眼球动作和对话内容结合起来进行分析，这样就能识别谎言了。

让我们一起来看一个真实的案例。

一位妻子发现丈夫死在了家中。妻子是第一目击证人。

关于丈夫每天沐浴的时间，她做证说："一般他都是 9 点左右就从浴室出来了。那天却一直都没出来，所以我去浴室找他，发现……"

妻子在描述丈夫的日常行为时，稍微用力闭了一下眼睛。这个动作稍微有些不合常理。仅仅陈述丈夫的日常行为，没有必要闭上眼睛来集中注意力。

微表情

微动作

微语气

最后，案件水落石出，这位妻子撒了谎，是她谋杀了自己的丈夫。

当你和一个人谈话时，如果他的眼神忽上忽下，或者偶尔凝视某一点，或者双眼紧闭——看到这些迹象时，你可以认真想想："这是一个需要集中注意力的话题吗？"通过分析，你就可能看透对方内心的想法。

😉 😐 😄 😲 😫 🤐

小练习
如何解读微表情

接下来，我将通过一些简单的练习，帮助你掌握看懂微表情的小技巧。

练习 1 解读面部的表情

请看下图，指出图①～④分别是什么表情。请从世界共通的 7 种表情当中进行选择。

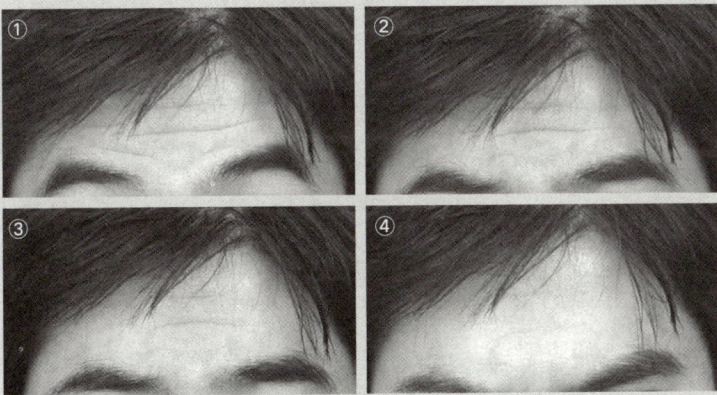

微表情

微动作

微语气

答案解析

图①惊讶的表情→整个额头形成了横向皱纹。产生皱纹的原因是眉毛上扬。请注意，皱纹一直延伸到额头两端。

图②恐惧的表情→额头中央形成了波浪形皱纹。这是因为眉毛上扬并向眉心集中。恐惧的表情与惊讶的表情不同，皱纹只会集中在额头中央。弓形眉变成"一"字眉也是恐惧表情的特点。

图③悲伤的表情→额头中央形成了"山"形皱纹。这是因为只有眉毛内侧向上扬。一般来说，人在悲伤时，会形成"八"字眉，也有的人像图片中的模特那样，没有形成这样的眉形。要具体问题具体分析，根据多种特征线索来做出判断。

图④愤怒的表情→眉间形成了皱纹。这是眉毛向中央集中然后下垂而形成的表情，形成了倒"八"字眉。

小练习
如何解读微表情

练习 2　解读微妙的表情

请看下图，指出图①～④分别是什么表情。请从世界共通的 7 种表情当中进行选择。

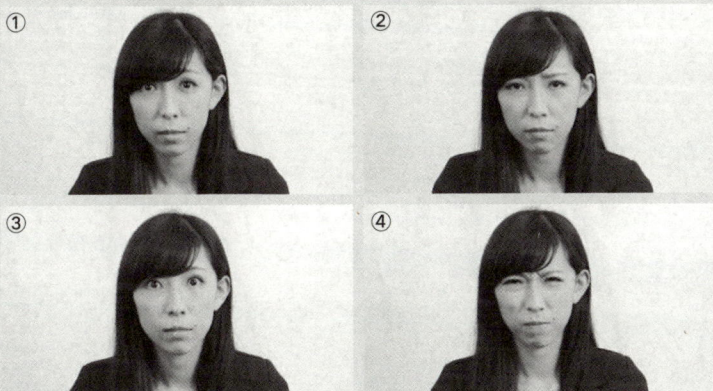

答案解析

图①恐惧的表情→眉毛上扬，双眼睁大。乍一看，有点像惊讶的表情。但请认真观察下眼睑的收缩状态。下眼睑收缩，会和眼球下部的虹膜重合。双眼睁大，下眼睑收缩，这是恐惧表情的特点。

图②悲伤的表情→只是眉毛内侧上扬，下嘴唇向上收紧，下巴上形成皱纹。这是悲伤表情的特点。

图③惊讶的表情→眉毛上扬，双眼睁大。和图①的表情不一样，从惊讶的表情中看不到下眼睑收缩。这是惊讶表情的特点。

图④愤怒的表情→眉毛向眉心集中，下眼睑用力绷紧。另外，只要仔细观察嘴唇周围，我们会发现上下嘴唇抿紧，这是愤怒表情的特点。

小练习
如何解读微表情

练习 3 解读复杂的表情

请看下图，指出图①～④分别是什么表情。请从世界共通的 7 种表情当中进行选择。

答案解析

图①幸福＋悲伤的表情→嘴角上扬是幸福表情的特征，

眉毛内侧上扬是悲伤表情的特征。但我们不能单纯地从这个表情中判断，这个人同时感到快乐和悲伤。他有可能是感受到了两种情绪，但也许他只是用快乐的表情来掩饰悲伤。因此，我们还需要从面部表情以外的信息来判断眼前的人究竟处于何种状态。

图②快乐＋厌恶的表情→嘴角上扬是快乐表情的特征，鼻子皱起是厌恶表情的特征。比如偏好臭味食物的人，可能同时感到快乐和厌恶。她也有可能是吃了难吃的东西后露出了敷衍的微笑。因此，不能仅靠面部表情来判断一个人的状态。

图③快乐＋愤怒的表情→嘴角上扬是快乐表情的特征，眉毛向眉心集中，眉间形成皱纹，这是愤怒表情的特征。快乐和愤怒的情绪同时出现的情况比较少见。因此图中的模特很可能是用快乐的表情来掩饰愤怒。

图④快乐＋轻蔑的表情→嘴角上扬是快乐表情的特征，从图中模特的面部表情可以看出，左嘴角比右嘴角高一些，这是轻蔑表情的特征。有的人在轻蔑他人、感到优越感的同时也会很快乐。也有的人是用快乐表情来隐藏轻蔑。

☺ ☹ 😄 😮 😣 😫
小练习
如何解读微表情

练习 4　猜猜看：到底是谁没有跟上会议的进度

下图是开会时的画面。

画面中的人们正在开会，4 个人在跟进会议的进度。4 人中有 1 人，某种特征的表情在其面部停留了 3 秒左右。请根据该线索推测，没有跟上会议进度的人是谁。

微表情

微动作

微语气

答案解析

正确答案是左 2 男性。

他的眉毛向眉心靠近并下垂。这是愤怒还是沉思的表情呢？上图选取的是会议场景，而该表情在面部停留了 3 秒，则很有可能是沉思。除非特殊情况，比如公司文化鼓励自由表达情绪，否则即便是感到愤怒，一位成年男性也不太可能在公开场合表达自己的愤怒。

因此，他即便产生了愤怒的情绪，也会按捺住情绪。当然，他会流露出微表情，但微表情在面部停留的时间只有 0.2 秒左右。根据这些线索分析，这一表情不可能是愤怒，而应是沉思。

当然，会议中的其他成员面部表情是正常的，并不意味着他们完全理解了会议内容。至少左 2 男性极有可能没有完全跟上会议进度。

其实猫猫早就道歉了，
你却还在怪它

喵式表白

『猫猫我啊，都说对不起了

还要被骂……』

微动作会说话

从瞬间的小动作看懂你

会说话的微动作

本章将为你介绍无意识的动作和有意识的动作。

一般而言，我们将肢体动作称为肢体语言。

具体来说，本章将为你说明微动作、插图性肢体语言、操作性肢体语言、动作姿势这几种肢体动作。

动作和表情一样，是最自然的身体反应，一旦我们的身体有所感受，就会随之表现出相应的肢体动作。你知不知道我们的身体在正常情况下是什么样子，在隐藏真心话时又会采取怎样的行动？

如果我们试图隐藏内心的真实感受，我们该如何避免在肢体动作上露馅呢？

了解了内心感受与肢体语言之间的关系，我们就可以通过观察对方的微动作来识别对方的情绪和想法。

无意识的细微动作中的潜台词

"只要我读懂了微表情，就掌握了读心术。"

亲爱的读者，读到这里，你是否还有这样的幻想呢？

虽说微表情能解读被人们隐藏起来的情绪，但微表情的作用还没到读懂对方内心的程度。

这是为什么呢？我们来看一个案例。

一名男性运动员被指控使用了兴奋剂。该运动员在电视节目中声称自己是无辜的。运动员与记者的对话如下。

记者：你是否使用了兴奋剂？

运动员：没有。

记者：你是否曾经想过要使用兴奋剂？

运动员：这个嘛，没有。

微表情

微动作

微语气

以上是大致的对话内容。

请注意观察这名运动员在回答"没有"时的反应，你会发现他有微表情和其他的一些面部动作。在回答第一个"没有"时，这名运动员左边嘴角稍微上扬，呈现轻蔑的微表情。在回答第二个"没有"时，他嘴巴周围的肌肉收紧，呈现出压抑的表情。

请你通过这些微表情解读他的内心。

他撒谎了吗？

你能确定他使用过兴奋剂吗？

答案是：不能确定。

为什么呢？

让我来为你解说一下他的轻蔑表情。

当我们评价他人道德感低，或是在他人面前萌生优越感时，会对他人产生轻蔑感。

为什么这名运动员产生了轻蔑感？可能有两种情况。

一是他本人确实没有使用兴奋剂，所以在他看来，质疑他的提问者是以小人之心度君子之腹。

二是他虽然使用了兴奋剂，但他有十足的把握不会被人发现使用兴奋剂的证据。因此他抱有一种优越感。

上述两种情况都有可能产生轻蔑表情。值得注意的是，这两种情况互相矛盾。因此对于这个案例中的情况，仅凭微表情信息，我们没法判断真相究竟是哪一种。

那么，到底怎样才能接近真相呢？

这时候，肢体动作可以助我们一臂之力。

不卖关子了，长话短说。请注意，这名运动员第一次回答"没有"的时候，他的头部轻微向下动了一下。

类似这样轻微的身体动作被称为微动作。微动作指的是被压抑的情绪在无意识间，在"警戒区域"外的身体部位做出碎片化的肢体动作。"警戒区域"指的是下巴以下腰部以上的部位。这个范围通常是我们表示肢体语言的范围。你可以把碎片化的肢体动作暂且看作"微肢体语言"。

回到正题，对于是否使用了兴奋剂这个问题，这名运动员的身体反应是"点头"。当然，点头意味着肯定。在这个案例中，我们发现，将微表情和微肢体动作一起分析，得出的结论很可能是这名运动员撒了谎。

当我们试图看穿对方的谎言时，确实有可能发现这种相互矛盾的反应。

● 撒谎的人很怕谎言被揭穿。

哪怕一个人没有撒谎，如果被别人怀疑，他也会害怕遭受不白之冤。

● 撒谎的人会产生自我厌恶。

哪怕一个人没有撒谎，如果他被怀疑，他也会对被怀疑这件事感到厌恶。

● 撒谎的人也会因为自己的撒谎行为产生罪恶感。

哪怕一个人没有撒谎，如果被人怀疑，他也会对陷入困境的自己有罪恶感。

上述情况十分常见。在某些情况下，仅凭微表情，我们无法准确解读、推测对方的内心。因此，千万记住，不能只依赖微表情这一信息，你需要结合多种因素综合考量。这些因素有身体动作，以及后续章节将为你讲解的声音、说话方式、提问方式等。

让我们回到正题。那么，这位运动员是否服用了兴奋剂呢？最后，真相水落石出：他撒谎了。采访播出后不久，他承认使用了兴奋剂，并为此进行了公开道歉。

撒谎的人面部确实会流露出微表情。

请注意，在某些时候，看穿对方的内心世界这一行为一旦稍有闪失，可能会危及我们与对方的关系，甚至会毁掉对方的生活。因此，你在考虑问题时，不可以只出于好奇心，还需要注意多方感受，三思而后行。

微表情

微动作

微语气

世界共通的 5 种手势

前文中提到，被我们压抑的情绪和想法会通过微表情流露出来。在任何时间、任何地点，以及任何人的任何情绪，都会伴随各种各样的面部肌肉动作在脸上表现出来。

那么，肢体语言有什么不一样呢？

走进书店，你会发现，介绍通过肢体语言读懂对方内心的图书非常多。问题在于，大多数这一主题的图书都是对过往经验的总结，或者说是将西方人的肢体语言生搬硬套在了所有人身上。本书将以世界共通的肢体语言为例，展开说明。具体来说，接下来我们将讨论共通手势。

2010 年，以大卫松本为首的研究团队围绕"手势是否具有共通性"这一课题展开过大规模的调查研究。

该调查研究的操作方法是：询问不同文化背景的人，"当

你在做 ×× 时，你会做什么手势？"并让他们实际演示该手势；或让他们回答录像中展示的手势的含义。

调研结果显示，众所周知并在现实生活中被人们普遍使用的共通手势有 5 种。分别为"是""否""请过来""请到那边去""停止"。

然而，研究认为，这 5 种手势并不是我们生来就会的，而是人们通过大众媒体后天习得的。原因有 3 个：（1）这些手势深受大众媒体的影响；（2）目前尚未证实视障者会做这些手势；（3）某些民族会做一些与此不同的手势。

因此，我们在观察对方的肢体动作时，需要留意这 3 个因素。

微表情

微动作

微语气

表示"是"和"否"的动作

表示肯定的动作：点头。

表示否定的动作：摇头。

点头或摇头的动作，表示听者对说话人所陈述的内容予以肯定或否定。有时，说话人需要自我肯定，他也会做点头的动作。

在这里，表示"是"或"否"的动作基本上是世界共通的。但也有例外，在某些文化中，人们会表现出刚好相反的动作。

比如，在印度和保加利亚，情况就发生了变化。有一部分印度人和保加利亚人在表示肯定时，可能会摇头；在表示否定时，有时会点头。

然而，我也曾多次见到这样的情况，保加利亚的年轻人，或者在日本生活了很长时间的保加利亚人，在表示肯定时也点头。

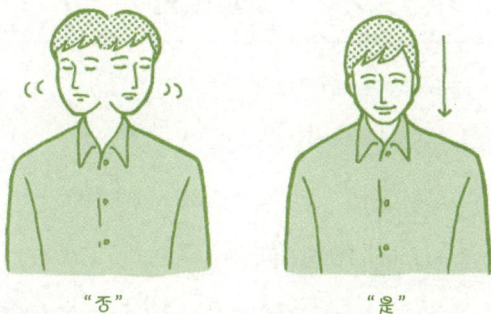

"否"　　　　　　　　"是"

动作是后天习得的，所以会随着时代和环境发生改变。

微表情

微动作

微语气

表示"请过来"的动作

表示"请过来"的动作如下。

手势 1：伸出手 + 掌心朝上 + 除大拇指外的四根手指弯曲，向自己的方向来回招手。

手势 2：伸出手 + 掌心朝下 + 除大拇指外的四根手指弯曲，向自己的方向来回招手。

西方人更习惯使用手势 1，亚洲人更习惯使用手势 2。

请过来手势 1

请过来手势 2

表示"请到那边去"的动作

表示"请到那边去"的动作如下。

朝着目标方向抬起手臂＋食指指向该方向＋弯曲其他手指。

有的西方人会用"请过来"的手势，表示"请到那边去"。

正因为如此，亚洲人在看到西方人使用这个手势时，有时会产生误会。

请到那边去

表示"停止"的动作

表示"停止"的动作如下 。

手掌朝向目标 + 伸长手臂。

一个人在表达自己的观点却不想给对方发言权时，你会看到这个手势。或者，当一个人想要强调自己的见解，并用来说服对方时，停止手势也可解释为将自己的意见"强加于人"。你可以在新闻发布会和辩论会上看到这个手势。

停止

以上 5 种手势，在世界各地都具有共通的含义和动作。

微动作通常是正常肢体动作被压抑的一种现象。

微动作来自我们的身体，是以共通的 5 种手势为主，同时掺杂了文化差异的多样化、碎片式的肢体表达。根据我本人的经验，我在大多数日本人身上看到了表示"是""否""停止"的微动作。

微表情

微动作

微语气

从身体的无意识动作中捕捉信息

请回忆一下，当你想要给别人传递信息或你在思考问题时，你是否注意到了自己的手部动作呢？

只要你稍微留意，你就会发现，我们的手部动作丰富到令人不可思议的程度。

- 当你想要传递热情时，你会大幅度挥手。
- 你会一边说"有一个这么大的球……"，一边用手比画球的形状。
- 当你嘴里脱口而出"两个秘诀"时，你会同时竖起两根手指。

这些动作都是"插图性肢体语言"。

- 摆弄话筒末端。
- 交谈时漫无目的地摸口袋内部。

● 抚摸脸庞。

● 习惯性抖腿或敲击桌子。

这些动作都是"操作性肢体语言"。

"插图性肢体语言"是在空中画图,"操作性肢体语言"是在自己身体上画图。下面,我将详细探究这两种肢体语言。

微表情

微动作

微语气

将思考视觉化的"插图性肢体语言"

"插图性肢体语言"指的是将自己谈论的事物通过肢体动作形成可视化的肢体语言并表现出来。你可以形象地将其理解为"在我们举手投足之间，抽象的思维转换成了具体可见的图像"。"插图性肢体语言"主要探讨手和眉毛的表现。接下来，让我们一起看几个身边常见的例子。

- 当你想要强调某个词或某句话时，你会向上挑眉或者垂下眉毛。
- 当你有 3 个论点时，你会一边说"我有 3 个论点"，一边竖起 3 根手指。
- 手指指向关注的对象。
- 模仿人、物或动物时，用双手比画出形状。
- 用双手比画出从 A 点到 B 点的空间方位。
- 用手打出节拍。

尽管我们认为人人都会做"插图性肢体语言"。但人们使用"插图性肢体语言"的频率和做这种动作幅度的大小却深受文化因素的影响。西方人往往比亚洲人更频繁地使用"插图性肢体语言"，其动作幅度也更大。

根据一项关于撒谎和"插图性肢体语言"之间关系的研究，我们得知，撒谎的人做"插图性肢体语言"的频率较低。原因是他们无法将想象中的事物视觉化。撒谎者过于集中精力去编造故事，意识不到就连自己的举止也要表现得自然一些。

然而，"插图性肢体语言"的使用因人而异，当说话人太累或者不是很想传递某种信息时，他们可能不会使用肢体语言。因此，你在判断说话人为什么没有"插图性肢体语言"时，要避免操之过急。

微表情

微动作

微语气

安抚情绪的"操作性肢体语言"

接下来为你讲解"操作性肢体语言"。

"操作性肢体语言"指的是触摸自己身体某一部分的动作，如抚摸、按压、抓挠、咬合、抿唇、舔唇、鼓腮等动作。

我想大家可能都看到过这样的现象：当女性感到紧张时，她们会抚摸自己喉咙的下部；顾客在考虑是否购买某个东西时，会用手抓挠自己的头发。

我有 3 个论点。

距离这么长。

抚摸　　　挠头

"操作性肢体语言"

"插图性肢体语言"

这就是"操作性肢体语言"。

抖腿、敲桌子、摆弄笔、摆弄眼前的纸张——严格来说这些动作都超出了"操作性肢体语言"的范畴。然而，用自己的身体玩弄可接触范围内的事物的行为，在广义上都属于"操作性肢体语言"。大多数"操作性肢体语言"并不是针对特定的目标采取的有意识的动作，而是为了让自己感到安心和愉悦的无意识动作。这些动作反映了负面情绪、放松、兴奋等状态，还有一些"操作性肢体语言"只是个人的习惯性动作。

我们往往会将频繁表现"操作性肢体语言"的人当作江湖骗子。然而，事实证明，"操作性肢体语言"并非撒谎的信号。

换句话说，"操作性肢体语言"只是展现了情绪的波动。

当我们兴奋或失落时，我们会通过"操作性肢体语言"表现出来。因此，当我们注意到他人有"操作性肢体语言"时，我们虽然无法判断对方究竟处于怎样一种心理状态，但至少可以推断出，对方极有可能处于一种情绪不稳定的状态。

微表情

微动作

微语气

确定一个人情绪是否稳定，通常只能从对方当前所处的环境、非语言或语言信息来推测。然而，一般来说，"操作性肢体语言"往往发生在当事人感到害怕、不安、迷茫、紧张、羞愧或尴尬的时候。

人类和动物共通的姿势："自信"和"不自信"

我们的姿势与情绪也有着千丝万缕的联系。这种联系我们已经习以为常，比如，我们知道当我们处于某种情绪状态时，通常会采取哪种相应的姿势。

然而，我们很难做到像解读面部表情那样清楚地区分与每一种情绪状态相关的动作。因此，比较方便的做法是，从广义上把握动作的含义。

具体来说，比如我们可以清楚地区分某一种动作是积极的还是消极的。这对我们来说并不难，只需稍稍花点心思。

顺便问一句，你认为姿势和情绪之间的关系是世界共通的吗？

总体来说，答案是肯定的。

微表情

微动作

微语气

这里为你介绍两个有趣的研究。

在残奥会的柔道比赛中，我们记录了视障运动员在胜利和失败时的肢体语言，将他们的肢体语言与视觉正常的运动员的肢体语言进行了对比。

我们发现，赢得比赛的视障运动员表现出"抬头""微笑""握拳""举臂""挺胸""躯干前倾"等姿势。这些姿势与视力正常的运动员在赢得比赛后感到自豪时的姿势几乎一模一样。

另外，输掉比赛的视障运动员则表现出"垂头丧气""肩部下垂"等姿势。这些姿势与视力正常的运动员在输掉比赛后感到羞愧时的姿势如出一辙。

该研究表明，当我们感到自豪或羞愧时，会表现出一种普遍的姿势。

广义上讲，自豪的姿势让身体看起来更加伟岸，羞愧的姿势让身体看起来更加弱小。事实上，我们在动物身上也观察到了姿势和情绪的关系。

比如，当大猩猩想炫耀自己的力量时，就会挺起胸膛，让它们的身体看上去更加强壮。其他猩猩臣服于这只大猩猩时，会蜷缩它们的身体，让自己看起来更加弱小。你可能在黑猩猩及其他哺乳动物身上也看到过类似的姿势。

　　如果我们将范围扩大，可以说自豪（积极情绪）多表现为对身体强大的展示动作，羞愧（消极情绪）多表现为畏首畏尾的动作。这些姿势是我们在进化过程中习得的，是每个人都会展现的姿势。

微表情

微动作

微语气

展现身体的强大能让人干劲十足

还有一个有趣的研究。

当我们采取某个姿势展示身体的强大，占据更多周围的空间时，如果两分钟内保持姿势不变，我们体内的压力荷尔蒙——皮质醇会减少，与干劲相关的激素睾酮会增加。

反之，当我们采取的姿势是畏首畏尾，减少占据周围的空间时，如果两分钟内保护姿势不变，我们体内的皮质醇就会增加，睾酮则会减少。

换句话说，自豪的姿势能锻炼抗压能力和积极性。这个研究证明情绪具有强大的影响力，甚至能左右荷尔蒙的分泌。

在各种关于肢体语言的图书中普遍写有"双手叉腰的姿势表示恐吓""双臂交叠在胸前表示否定、防御"这样的话。

然而，我们并不清楚，这些动作的背后究竟有多少具体的含义。

大致上，我们可以认为，让身体看起来强大的姿势代表积极，让身体显得弱小的姿势代表消极。

姿势可以影响荷尔蒙的分泌

小练习
如何读懂微动作

接下来，让我们通过一些练习题来掌握读懂微动作的技巧。如果你想要正确解读微动作，从宏观上观察非常关键。

练习 1　你能从世界共通的姿势中辨别真假吗

背景：

该男性被怀疑隐瞒了某些事实，但是他说对于此事一无所知。

为了再次确认这名男性的话，问答如下。

问："你什么都不知道吗？"

答：（点头）我不知道。

请你从他的肢体语言推断其真实想法。

案例解析

正确答案是，无法判断。

这道练习题的陷阱在于，这是一个无法从肢体语言上判断的问题。

当你想知道对方究竟是撒谎还是说真话，喜欢还是不喜欢，知道还是不知道时，你必须用肯定句提问。如果你不是用肯定句提问，你便无法通过对方的肢体语言推断真假。

比如你问："你知道这件事吗？"

如果该男性回答"不知道"，却点头。那么，他有可能知道。点头是一种普遍用来表示肯定的姿势。如果他摇头，虽然我们无法从这个肢体语言推断出他究竟是否知道，但至少对这个问题，我们可以暂时忽略对该男性的怀疑。

然而，如果你像这道练习题一样提问："你不知道这件事吗？"

该男性点头（是的），同时回答"我不知道"，或是摇头（不）说"我不知道"。

因为我们可以通过语意来判断，所以，姿势此时就失去了参考价值。因此，如果你想单刀直入，直接询问信息的真伪，最好使用肯定句。另外，你还可以参考本书第 5 章专栏"语言不同，手势有异"。

小练习
如何读懂微动作

练习 2　没听到对话内容也能推断话题

图中两位女性正在对话。请你通过A、B、C3张图片中人物的动作，推断两人的对话属于以下哪一种情况。

1. 谈论主题公园的游乐设施。

2. 谈论走路玩手机的利弊。

3. 谈论食物的摆盘。

4. 谈论最近经历过的悲伤之事。

微表情

微动作

微语气

案例解析

图片 A 中，右手边的女士，在用她的左手说明乘坐某种物体坠落的"插图性肢体语言"。图片 B 中，还是同一位女士，左手在打转，展示出仿佛在画圆圈的"插图性肢体语言"。图片 C 中，左手边的女士，双手朝向自己，展示出有东西正在靠近的"插图性肢体语言"。

根据以上信息，我们判断两人的对话有可能描述的是情况 1。

事实上，这两位女士正在讨论她们在某个著名的主题公园乘坐过山车的经历。

美国联邦调查局设有专门的调查员负责处理类似的问题。这些调查员都有一个共同点——失聪。

尽管他们失聪，但他们身上一种依托视觉信息的非语言解码能力却十分优秀，他们特别擅长通过嘴巴的动作破译对方的说话内容。他们可以从嘴巴的动作解读犯罪嫌疑人的对话，进而判断该对话是否与犯罪有关。因此，在没法安装窃听器或来不及安装窃听器的情况下，他们的这项技能可以在紧要关头起到四两拨千斤的作用。

小练习
如何读懂微动作

练习 3 猜猜看：两个人是什么关系

请推断图中二人的关系属于下列哪种情况。

1. 姐弟。

2. 结婚 4 年的夫妇。

3. 初次见面的陌生人。

微表情

微动作

微语气

案例解析

首先，请注意观察两个人的面部表情。你可以在女人的眼角看到鱼尾纹，男人的眼角则看不到明显的鱼尾纹，但他的眼睛眯着，呈月牙状，也有可能有鱼尾纹。

接下来，请注意观察二人的距离感和肢体接触。两个人十分亲近，女人的手肘靠在男人的肩膀上。从以上几点分析，可排除选项3"初次见面的陌生人"。

我们再来仔细观察女人的手肘。请你设想一下，你自己是否会把手肘搭在上司的肩膀上。当然，我们不会做出这么无礼的举动。这表明这个女人的地位高于男人。如果是选项1，女人很可能是男人的姐姐。如果是选项2，那么很可能是妻子比丈夫年纪大，或丈夫对妻子言听计从，乖乖地让妻子把手肘搭在自己肩膀上。因此，我们无法判断究竟是选项1还是2。

仔细观察男人的右手，你会发现他正在摸胡子。这是"操作性肢体语言"。我们需要将这个肢体语言和男人的微笑联系起来分析。这很可能表示难为情。

接下来，需要结合文化背景方面的差异进行分析。如果是亚洲人夫妇，他们一起拍照会感到难为情，但欧美人反之。一般来说，欧美夫妇一起拍照时，两人会采取面向正前方的姿势，面带灿烂笑容。考虑到文化差异，我们认为这个男人之所以感到难为情，是因为他们之间是姐弟关系。

因此，本题的正确答案是"姐弟"。

谎言的迹象：眼神游离、磨磨蹭蹭

- 转移视线。

- 缩手缩脚，扭扭捏捏。

- 欲言又止。

- 说话音程扩大。（注：音程是指两个音高之间的距离，用"度"表示）

如果你看到某人在你面前做出这些举动，你会怎么想呢？

你可能会觉得对方在撒谎。

调查证实，警察和公众普遍认为这些举动是骗子的行为表现。然而，当我们紧张时，也会做出这些举动，当然，我们撒谎时会紧张。如果没有撒谎，但被怀疑，我们也会感到紧张。

那么，究竟该如何看待这些举动呢？

并没有科学证据证明视线游离是表示撒谎的举动。除了我们感到紧张之外，思考问题时，回忆往事时，我们的视线也会四处游离。

亲爱的读者，冒昧打断一下，我有一个问题要问你。

"你昨天的晚餐吃了什么呢？"

此刻你的视线应该正看向某处（或许你们当中有的人没有移动视线，而是将视线集中在某一点）。

人们认为缩手缩脚是撒谎的举动又是为什么呢？除了紧张之外，当我们情绪不稳定时，也会出现抖腿，揉搓手臂，触摸自己脸颊等操作性肢体语言。但依旧没有科学证据证明这些就是表示撒谎的举动。

相反，我们知道，撒谎者并不会做多余的动作，反而会刻意减少身体的动作。

在这些动作中，只有说话吞吞吐吐、音程加快这些举动和撒谎有密切的关系。然而，撒谎者比诚实的人有更多类似的肢体动作，但这并不意味着诚实的人就完全没有这些小动作。

诚实的人的身上也会有很多这样的操作性肢体语言。因此，即便你捕捉到了某人有看似可疑的行为，也不能即刻判定某人是骗子，而应该谨慎行事，探究他们行为背后的原因。

微表情

微动作

微语气

117

猫猫爱你的情话

咕噜~
咕噜~

❤

喵式表白
喉咙里发出咕噜咕噜的声音。

微语气会说话

从说话的声音听出你的真心话

微语音、微语调会说话

本章将为你讲解如何探知说话声音中隐藏的真实感受。

声音信息可分为两类：语言信息和非语言信息。

语言信息是指我们平时所说的话语。非语言信息是指与声音有关的没有明确含义的交际信息，可细分为两类，分别是"音调"和"风格"。

本节将讨论声音的非语言信息，并为你说明我们的情绪和想法究竟是如何通过声音的"音调"和"风格"表现出来的。

声音也有它的"音调"和"风格"。

"音调"指的是声音的性质，包括音调高低、音量大小等。

"风格"指的是一个人说话的方式。

我们可以通过"音调"和"风格"的组合，向他人传递喜怒哀乐等内心感受。在说明声音传达的情绪和感受之前，我们先来整理一下"音调"和"风格"的分类及其含义。

声音的"音调"包含音高、音量、音色、回音。要想看穿对方的情绪和内心，关键是要读懂音高和音量。音高指的是声音音调的高低。想必你已经知道，与成年男性相比，女性和儿童的音调较高。音量指的是声音的大小。我们可以从大嗓门和低声细语的对比中感受到音量的大小之分。

声音的"风格"有 5 种影响因素，分别是：说话速度、说话长短、反应速度、说话节奏、说错话（俗称口误）。掌握这 5 种因素对我们解读他人情绪，读懂他人真心话有着至关重要的作用。

① 说话速度：我们说话时的速度（通常以 1 分钟内或 1 秒内说的字数来衡量）。

② 说话长短：我们说话内容的长短。

③ 反应速度：对他人的话语做出反应所需的时间。

④ 说话节奏：词语之间的停顿。我们还可以进一步将其细分为两类：有声节奏和无声节奏。有声节奏指的是词语

微表情

微动作

微语气

间隔处没有明确含义却发出声音的词语，比如"嗯""啊""呃"。无声节奏，顾名思义，是指不发出声音的停顿。

⑤ 口误：词语重复、结巴、语法错误、发音错误等开口说话时的各种表达失误。

那么，我们如何通过声音的"音调"和"风格"来表达情绪和感受呢？我们对此又是如何认识的呢？

对此，人们开展了多项研究。特别是对从声音的"音调"和"风格"中识别出喜怒哀乐这一现象，大量研究已证实，和表情一样，声音的特征也是放之四海而皆准的。

接下来，我们总结一下声音与情绪、感受之间的关系。

● 幸福的声音：
   音调升高，声音洪亮，语速加快。

● 轻蔑的声音：
   音调降低，音量减小。

● 厌恶的声音：
   音调降低，音量减小，语速减慢。

● 愤怒的声音：

音调升高，音量增大，语速加快。

- 悲伤的声音：
  音调降低，音量减小，语速减慢。

- 恐惧的声音：
  音调升高，音量增大或减小，语速加快。

- 惊讶的声音：
  音调升高，语速加快。

此外，当我们处于高认知负荷状态时，或者说脑袋转不过弯、反应迟缓时，我们说话时的停顿、稀奇古怪的口误也会随之增加。

微表情

微动作

微语气

"副语言"会暴露谎言

上一节，我们讲解了声音的"风格"，讲到了说话速度和说话节奏，这里要讲一个与此相关的词语——"副语言"。简单来说，"副语言"就是不能称之为语言的语言。

当我们绞尽脑汁却找不到合适的措辞时，自然难以开口。这时我们会说出一些语气词，如"哎""嗯""唔""那个""这个"等，去填补话语之间的空白。

这些没有明确含义的词语就叫"副语言"。它不仅能填补话语间的空白，还能表达情绪。当一个人产生了轻蔑感时，也有可能会从鼻腔中发出鼻音，比如"哼"。这样的表达也属于"副语言"。

现在，你对"副语言"已经有所了解。那么，脱口说出"副语言"的人究竟在想什么呢？"副语言"的字里行间是否有明确的含义呢？

"副语言"多出现在停顿的瞬间，这是需要我们留意的地方。比如，人们在回答某些问题之前的拖延停顿，或是一句话里词语和词语之间的停顿。接下来，我们重点分析两种情况。

无论是拖延回答，还是词语和词语之间的停顿，只要产生了"副语言"，就说明此刻对方处于一种"高认知负荷"的状态，换言之，此刻对方正处于思绪万千，或"丈二和尚摸不着头脑"的状态。

分析其原因，可能有两个。

其一：如果出现在问答场景中，那么，对当事人来说，这个问题很可能不好回答，他需要思考问题的含义和提问意图，并寻找合适的答案。

其二：如果是词语和词语之间的"副语言"停顿，那么对方很可能在思考一个合适的措辞。我们可能经常在对话中听到"副语言"，一般情况下没必要去深究它们的含义。对于常见的"副语言"，我们只需耐心等待对方的下一句话就好。

或者，你可以更进一步，当个"捧哏"的，应和对方的

微表情

微动作

微语气

"副语言"。比如，当对方说"哎""嗯嗯"的时候，你可以用通俗易懂的话对他说"你是 ××× 的意思吗？"或者你可以说"你是不是想说 ×××？"，用引导对方的恰当表达来代替"副语言"，可以让交流更加顺畅。

同时，也有一些"副语言"需要格外留意。

在遇到容易回答的问题或是可以轻松交谈的话题时，如果说话人出现了"副语言"，这说明对方在找到恰当的表达之前，故意用"副语言"拖延时间。

比如，昨晚丈夫参加了一个聚会。第二天一早，妻子不经意间问起。

妻子："昨晚的聚会玩得开心吗？"

丈夫："……马马虎虎吧。"

妻子："地点在哪儿？"

丈夫："在哪儿来着？嗯……对了，就是那儿啊，新宿。对，在新宿。"

妻子："新宿的哪一家店呢？"

丈夫："新宿的……哎，店名叫什么来着？"

妻子："你和谁一起去的？"

丈夫："这个嘛……和一个叫铃木的同事去的……"

　　以上对话是丈夫的异常反应。当然，人的记忆力和注意力因人而异，很难一概而论。但当妻子问及本该记得很清楚的事情时，丈夫的回答中却出现了大量的"副语言"，这显然有些不太对劲。

　　这个例子中，对于"地点"和"人物"，丈夫就算忘记了店名，但是不能立即想起店的位置以及和谁在一起，这就显得有点反常了。

　　为什么地名"新宿"和同事"铃木"的名字没能马上想起来，很可能是有什么特殊的原因，或是因为什么别的原因产生了认知负荷。这时，你有必要想一想，为什么对方需要拖延时间？

　　当然，就目前的对话来看，我们不能断定丈夫在撒谎。丈夫很可能只是单纯地对于妻子的提问感到大脑一片空白。比如丈夫或许只是因为今天工作上的事情很闹心，回答与自己的思虑无关的问题需要花一些时间。

　　无论怎样，面对类似这样的简单问题，如果对方说了很多"副语言"，你就需要留意了。当然，你也可以进一步追问，借此读懂这些"副语言"背后的含义。

微表情

微动作

微语气

拖延时间的惯用伎俩

　　和拖延时间的"副语言"一样的说话方式还有重复某一问题或说车轱辘话。

　　例如，妻子怀疑丈夫出轨，"你出轨了吧？"丈夫这样回应，"你说我出轨？"或"你怀疑我出轨？"或"我要是出轨……"丈夫不直接回答妻子的问题，而是一直不断重复类似的话。

　　现实生活中这样的例子很多。一名涉嫌滥用政府活动经费的某议会议员每次被记者提问时，在回答问题之前，他一定会用这样的话作为开场白："那么，我来回答某某报社某某记者的提问。"这就是典型的拖延时间的案例。

从措辞中了解对方的真实想法

我们也可以从措辞的细微变化中，读懂对方的真心。

措辞的变化主要表现为口误和异常的说话方式。

口误表现为：含糊其词、语法错误、说错话等。

异常的说话方式包括：有效的话语减少、消极的话语增多。

口误暴露谎言

当某人被问道："你知道这件事情的真相吗？"对方回答："哦……不清楚！"如果对方说话时声音很轻且说话方式异常，那么这说明对方有可能没说实话。

对方可能明明知道真相，却撒谎说自己"不清楚"。然而，身体是诚实的。当一个人含糊其词、言辞闪烁且说话方式异常时，反而暴露了其内心的不安。

语法错误主要表现在句子所使用的助词上。

下面，让我为你介绍某次"绑架"事件。

一位母亲声泪俱下地说："我的女儿被绑架了。请各位知情人士为我提供线索，任何有关我女儿的信息都可以。我爱过我的女儿。"

对或许还尚存人世的女儿，这位母亲却说自己"爱过"，

微表情

微动作

微语气

实在令人感到蹊跷。因为"过"这个助词仿佛告诉我们，女儿已经不在人世了。最终，真相水落石出，原来正是这位母亲亲手杀害了自己的女儿。只要我们对类似这样的语法错误明察秋毫，即可揭开事实真相。

自称女儿被绑架的母亲

说错话也能暴露真心。

在某项实验中，我对一位参与者说："看得出来，你正在犹豫。"

我明明用的是中性色彩的语调，但这位参与者却回答说："我没有撒谎……不对，我没有在犹豫。"最终的结果是这位参与者确实撒了谎。

当人们听到中性词时，往往会偏向于从自身的认知角度去理解。尽管我对这位说谎的参与者用的是中性色彩的"犹豫"这个词，但在他看来，犹豫等同于撒谎。于是，他一不小心说漏了嘴。除了对词语的含义有不同的理解外，有时，就连不复杂的词语人们也会搞错，这样的错误往往就包含了真相。

谎言的特征

接下来讲解话语特征。隐瞒性谎言或散发谎言气息的话语有以下两个特征。

1. 直观表现为话语减少。

具体表现为被动回应，与提问者对话时保持距离。

被动回应指的是只在必要的最小范围内回答问题。

2. 非合作性回应。

即拒绝回答问题。

这两个话语特征表明，当事人处于高认知负荷状态。

人们之所以产生高认知负荷，原因有很多，其中一种较典型的情况是撒谎。撒谎时，撒谎者必须记住自己的说话内容，还要让编造的故事逻辑连贯。这样一来，大脑会超负荷运转，认知负荷便会提高。

因此，撒谎者不会说不必要的话，或者为了让自己不露出破绽，他们会拒绝回答。当然，如果提问者的提问方式和问题内容太过复杂，需要回答者绞尽脑汁，或者提问者的态度傲慢无礼，让回答者提不起兴趣回答等情况，也会导致回答问题的人表现出上述两个话语特征。所以，具体解读时需注意这些情况。

微表情

微动作

微语气

说话时保持距离的潜在心理

接下来，为你讲解与对象、人物保持距离的说话方式所潜藏的心理。

例如，对于"你认识 A 吗？"这样一个问题，你会听到这样的回答："由于我的工作性质，我每天会遇见许多人。你问我是否认识 A，我如果回答说见过 A，那么我和 B、C、D、E 也是如此。并不是说 A 是特别的。"

这可以说是一种解释较多的话语。只要这个人平时的说话方式不是这么啰唆，你就有必要想一想，他为什么没有很干脆地回答自己认识 A。故意将 A 和其他人同时列举出来，可能是对方很抵触被人深挖自己和 A 之间的关系。

另外，还有一种与对象、人物保持距离的现象。比如，平时你直呼对方姓名，但当你想保持距离时，你就会用人称代词来称呼对方。举个例子，你平时称同事"建二"，某一天你对他的称呼变成了"那个人"。我们就可以据此推断，肯定有什么原因让你想和"那个人"保持心理上的距离。

异常的说话方式

有效的话语减少，具体表现为：频繁地自觉更正错误，缺少感官信息。

对于没有事先准备的话题，比如，突然追忆往事，人们会时不时地自觉更正错误的记忆。

如果对方提前打好了腹稿或有所准备，我们就不太可能观察到理应常见的自觉更正错误这种表现。

如果在一场面试中，你发现求职者更正了自己的发言，那么他说的话很可能是当下的想法。反之，如果你没有观察到对方自觉更正错误的话语，那么，他说的很有可能是他事先准备好的内容。

没有感官信息的发言，往往意味着对方缺少实际体验。实际体验包括：看到了什么形状，是什么颜色，闻起来是什

么说呢……好比他们夸我做得很好，怎么说呢……我会觉得说，这其实是在揶揄我。无所谓啦，可能对方并没有这层意思。但是，然后，怎么说呢……我会反思，自己在认真做事吗？其实，最让我生气的是，这些人一副"卷王"的面孔，给我"指点江山"。但是，就是说……我还是非常感谢身边的人。前辈教的事，我也尽全力去完成。我就想啊，这就是我成长了许多的原因吧。然后，就结果来看的话，比如，我会想通过各种渠道去赚钱啦，把凡事当成自己的目标啦。但是，即便是这样，就是说……我认为，努力过就不会白费。然后呢，怎么说好呢……我觉得最重要的是，先从自己能做的事情开始。然后，怎么说好呢……对啦，说到努力。虽然说大家都在努力。但如果一个人连眼前的事都做不好，那更别谈其他的事情了。所以啊，怎么说呢……我还是觉得，先定好目标确实挺好。但我认为，尝试了各种各样的事情之后，你肯定会有一些自己的体悟。所以，在我看来，最重要的难道不是尽自己所能，把眼前的每一件小事做好，踏踏实实，一步一个脚印地去努力吗？

故事 B

我经常听到有人说"努力就行了嘛"。但我觉得，说这话的人可真"了不起"啊，哪来的这么不负责任的发言！话是这么说，要我说实话，每个人想做的事情都有很多，当然，每个人也都会为之付出相应的努力。任何人都一样。但是，说起努力，老实说，难道不应该先制定一个目标吗？所以啊，要我说呢，只是一味地鞭策，多半会竹篮打水一场空，白费功夫。对工作来说，也是一个道理。也就是说，这么说吧，要努力，要有目标。然后，这样才能朝着目标去努力。如果你没有正确的方法，光使蛮劲儿，怎么说呢，你的努力就只是自我满足罢了，成了一种为了自我安慰的努力。我真是这么认为的，作为社会人，努力，不是为了自我满足，而是应该朝着正确的目标努力，我说的难道不对吗？

案例解析

故事 A 中的发言者认为，我们应该尽心尽力去完成眼前的每一件小事。

故事 B 中的发言者认为，我们应该将眼光放长远，为目标付出相应的努力。

因为两个故事都没有具体的事例，所以我们只能单纯地通过发言者的说话方式去判断。

　　故事 A 比故事 B 中的发言用了更多的"副语言"，频繁使用了"怎么说呢"。另外，故事 A 的发言者在一开始说自己很生气，说到了自己被取笑，逻辑上还说得过去。但后来他马上推翻了前面的说法，说觉得他们可能本意不是这样。

　　通过以上分析，我们可以看出，故事 A 中的发言者的发言没有连贯性，发言者对自己的看法没有自信。还有，故事 A 中有一句似是而非的话，说自己很感谢身边的人，但我们认为，这是一句和其看法毫无关系的插话，可以看作拖延时间的"副语言"。因此我们分析，说真心话的是故事 B 中的发言者。

微表情

微动作

微语气

143

如何通过措辞和对话读懂对方

练习 2　夫妻之间的记忆有几分一致

　　某对夫妻在不同的地方各自回忆了蜜月旅行。但是两个人的描述有一些矛盾点。因此,我们把两个人请到一起,让他们为我们说明了一些相互矛盾的地方。

　　以下是这次采访的内容,我们甚至提问了他们在旅行时遇到的导游的特征。请分析双方有特点的发言。

　　提问者:蜜月旅行是哪一年去的?

　　妻子:举行婚礼仪式时,刚怀了小咲。现在她上小学一年级了,所以大概是六七年前去的。

　　丈夫:七年前。

　　提问者:什么时候举办的婚礼,是 2006 年左右吗?

　　丈夫:不是,还要再后面一点,2009 年。

　　提问者:所以,蜜月旅行是 2009 年去的吗?

　　丈夫·妻子:差不多。

提问者：听说你们去了意大利，请同时回答当时导游的年龄看上去几岁？

丈夫：20 岁左右。妻子：40 岁左右。

丈夫·妻子：什么？！

妻子：有这么年轻吗？

丈夫：不年轻吗？年轻的吧！

妻子：年轻吗？

丈夫：年轻哟。

妻子：我怎么记得是一位阿姨。

丈夫：不对，是年轻人吧。大概二十五六岁。

妻子：真的这么年轻吗？不过他和导游说过话，可能他是对的吧。我对导游没什么兴趣，所以有可能记错了。

提问者：导游的头发是什么颜色？

妻子：金发……

丈夫：……不是吧？

妻子：不是金发吗？

丈夫：我觉得不是，不是的。

妻子：真的不是金发吗？

提问者：她身上戴着配饰吗？

妻子：我记得好像是有围巾之类的。

丈夫：啊，好像是戴着围巾。对的。

提问者：那眼镜呢？

丈夫：戴眼镜。

妻子：她戴着眼镜吗？我不记得了。我只记得她日语很流利，帮了我们很多。

丈夫：对的。

妻子：有什么不明白的地方她都为我们解答了。

案例解析

本次采访中关于导游的问题一共有 5 个，分别与以下问题相关：年龄、发色、戴围巾、戴眼镜、会日语。这对夫妻的回答有两项一致，分别是戴围巾、会日语。

在 5 个特征中，有 3 个相互矛盾。为什么这对夫妇的记忆会出现偏差呢？这是因为从男性视角和从女性视角看待事物是不同的，而且和导游接触时间的长短也是一个影响因素。从这些方面考虑，我们认为产生这样的偏差很正常。

本次提问中的发言存在明显的"自觉更正错误"。确切地说，妻子和丈夫之间，每当陈述出现分歧时，他们会寻求对方更正自己的错误。

妻子：真的这么年轻吗？不过他和导游说过话，可能他是对的吧。我对导游没什么兴趣，所以有可能记错了。

在这段话中，妻子承认了自己的记忆模糊不清。

当关系平等的两个人发生认知差异时，类似这样的自我更正发言是非常自然的反应，并不是他们在撒谎。

相反，如果他们撒了谎，两人之间的关系会变得不平衡。当他们之间发生了认知差异时，话语权就会无缘无故地偏向强势的一方，或者一方有突然改变自己的发言内容的倾向。

微表情

微动作

微语气

通过措辞读懂性格

某人说："我决定买那个模型。"

请从上述发言中，推测出该说话人的性格或行为特征。

就给了这点信息，怎么推测呢？

有趣的是，有一种说法认为，只需要一句话就可以读懂对方的性格。因为人们的性格和行为特征会反映在他的措辞中。

比如，上述话语的基本信息为"买那个模型"。但说话人使用了"决定"这个词语后，整个句子的语感就变了。

"我想买那个模型。"另一个人如是说。

我们把这两句话做个比较。与用"决定"这个词的人相比，用"想"这个词的人给人一种更加冲动的感觉。"决定"这个词从侧面说明这个人已经从一系列的选项当中做出了选择，因此会让人联想到谨言慎行的人物形象。

由此，我们可以看出，措辞可以左右句子的含义。从措辞中，我们可以推断出对方的个性和行为特征。

下面，我将介绍一些特别的例子。请各位读者思考一下，通过这样的措辞你会联想到什么样的人物形象？

● "我走得很着急。"

→ 从"着急"这个词语，我们可以看出，这个人目前处在一件紧急性较高的事情当中。如果他是为了赶时间，"着急地"赶往某处场所。你可以推断出，对方是一个遵守社会规则，看重回应他人期待的人。

● "我又得了一项奖。"

→ "又"这个词语从侧面表明他已经获得了一项或多项奖，他希望别人知道他获得了不止一项奖，想要获得他人的赞美。从这些信息中，我们可以推断出，对方是一个十分重视提升自我形象的人。

● "我为了实现目标，拼命工作。"

→ "拼命"这个词语表明他在挑战比以往更加困难的目标。使用这个词语的人往往抱有这样的信念：拼命工

微表情

微动作

微语气

作会带来好的结果。

亲爱的读者，你的看法是什么呢？

你难道不觉得，一个人的说话方式和措辞，极有可能反映出他的理智和性格吗？

跟着猫猫学习，
如何提出一个好问题

喵式表白

『我有一个问题……』

想读懂 对 方，你得学会这样提问

怎样问出实话来

本章将为你介绍一些提问技巧，从而帮你看透对方的真实想法。

除了前面 4 章所述的观察方法，必要的提问技巧也可以帮助你更加稳妥地读懂对方的真心，本章将为你详细介绍。

你可以通过对方的表情识别对方的情绪，但其情绪的源头你又将如何得知呢？

比如，你可以从面部表情、肢体动作、说话声音这些信息，看出对方有高认知负荷，可你知道他的认知负荷从何而来吗？

你试图从一个人的行动中解读他的真实想法这一举动，有时反而会引起很大的误会。为了避免产生误会，以及更好地了解对方，你需要掌握必要的提问技巧。

本章将为你讲解科学的、有效的提问技巧。

仅靠观察不能完全推测出对方的真实意图

当我们逛书店时，会发现"肢体语言帮你测谎""肢体语言读懂真心"这种主题的图书琳琅满目，令人目不暇接。这可能反映出我们的一种渴望，即通过观察对方的肢体语言，破解对方的心思。

当然，正如本书前几章讲到的，在某种程度上，我们确实可以仅从肢体语言就推测对方的想法。但我不建议你这样做；我更加不建议你仅靠肢体语言看穿谎言。

这是为什么呢？

这是因为，仅仅通过观察肢体语言去解读对方的真实想法，具有很大的局限性。

仅仅观察肢体语言
很难看出真心话!

原因有两个：原因一与对肢体语言的认知有关，原因二与对肢体语言的解释有关。

原因一，我们并没有准确定义何谓肢体语言。

比如，有人认为摸脸、摸鼻子、眼神闪躲是撒谎的特征。然而这不过是以讹传讹罢了，并没有科学依据。但是，通过大规模的调查我们发现，全世界的人都抱有同样的偏见。

另外，书店里陈列的介绍肢体语言的图书，大部分是以西方人为研究对象得出的结果。当我们看到时，会把书里的内容套用在自己身上，认为东方人也是如此。这样一来，对肢体语言的误解也就随之产生了。

原因二与对肢体语言的解释有关。即便我们能从肢体语言中解读对方的想法，但要想正确地解读，空间有限。比如，你正若无其事地与对方闲聊，你忽然捕捉到对方面部闪过一丝愤怒的微表情。结合当下的语境，你可以进行某种程度的推测，但你无法明确知道对方愤怒的原因，以及对方为何压抑他的愤怒。

此外，在通过肢体语言推测谎言的研究中，专家们发现了一个骇人的真相。

2003 年，测谎专家贝拉·德保罗等人对 100 多项谎言检测研究进行了数据分析，得出以下结论。

"到目前为止，我们所认为的绝大部分关于谎言的语言和非语言迹象，都缺乏有力的科学依据。即便能找到科学依据，正人君子和江湖骗子的区别也仅在毫厘之间。这些细微的变化并不足以让我们轻易发现真相。"

无论是研究人员还是法律职业工作者，他们对于这个研究结果都感到惊讶。

这一点无可厚非，因为法律职业工作者（检察官、律师、法官等）在进行搜查活动时，一直相信谎言有迹可循。

尽管如此，我们发现，根本不存在"匹诺曹的长鼻子"

这种东西。

贝拉·德保罗等人的研究表明，"守株待兔"式地观察谎言的迹象，不是没有可能成功，但极其困难。

从具体数据看，包括我们普通人在内的大部分人，即便是工作中经常与谎言打交道的警察，他们仅靠观察肢体语言看穿谎言的正确率，也仅有 54% 左右。这意味着什么呢？真假的概率各占约 50%，即想要从肢体语言识别谎言就等于在碰运气。

从以上内容我们得知，要想从肢体语言中识别他人的真实想法，简直难于登天。正因为如此，你有必要掌握本书前几章中已经提到的有关肢体语言的知识，并进一步通过提问技巧确定肢体语言的含义。

用 7 类问题就可以问出对方的真实想法

　　仅靠观察肢体语言看穿对方的真实想法，效果有限。近年来，在测谎科学的引领下，人们为了获取更详细的隐藏信息，开始在面试、审讯、调查中设置提问技巧。

　　本章将为你介绍最新的被科学证明有效的获取详细信息的提问技巧。使用这 7 个提问技巧，你就能从对方口中问出更详细的信息，提高读懂真心话的准确度。

　　在使用这些提问技巧时，你需要考虑这些提问技巧的优点和缺点，根据实际情况，灵活运用，如按照一定的顺序提问，或区分不同的场合使用。

问题 1：开放式提问　问出详细信息

开放式提问指的是对方无法用"是"或"否"这样简短的词语回答的提问。

比如，在面试时，你经常会听到这样一个问题："请说一说你在学生时代参加过的活动。"

运用开放式提问技巧，你可以从对方那里获取全面、详细的信息。另外，开放式问题的发言主动权掌握在对方手里，因此你不必刨根问底，反复提问。

因为发言的主动权在对方手里，你可以从回答中找出重点，从而继续展开进一步的交流。

"请说一说你在学生时代参加过的活动。"对方如果回答"某社团活动"，说明他对该社团活动有着难以割舍的情感。

如果对方回答"兼职"，可能他从兼职中收获了许多。如果对方回答"某种组织的活动"，可以推测他对这个组织有一种强烈的归属感。之后，你可以围绕对方回答的重点继续提问，更详细地询问对方重视的问题。

请说一说你在学生时代参加过的活动。

OH! NO!!

开放式提问，对方无法用"是"或"否"这样简短的词语回答。

当然，如果提问者没有给对方指引方向，受访者很可能给出天马行空的回答，从而导致你们的对话坠入"云里雾里"，最终糊里糊涂地结束。

为了避免发生上述情况，提问者必须对受访者的回答做出回应，表示"理解"或"不理解"。之后，提问者可以选择闭环式问题或跟进式问题。这需要提问者具备较强的观察能力，熟练掌握提问技巧。

问题 2：**控制式提问** 问出对方的情绪底色

控制式提问指的是提问者明明知道答案却假装不知道，故意询问受访者的提问技巧。

然而，在现实生活中，提问者要设置事先知道答案的问题，其难度不小。因此，我们可以用对受访者来说压力较小的问题来代替。

控制式提问的意义在于，能够确认对方回答问题时的情绪底色。情绪底色指的是对方回答问题时的中立表情。确认情绪底色后，你可以利用情绪底色来确认对方在什么情况下会出现紧张状态。

通过与情绪底色对照，你可以知道，哪一个问题引起了受访者的情绪波动，这样就可以更加高效地选择何时采取跟进式提问。

受访者在回答问题时，可能会感到来自各方的压力，发生情绪波动。

只要我们知道了受访者事先准备好的答案，我们就可以清楚地掌握受访者在回答一些较简单的问题时的情绪底色。谈话中受访者的情绪一旦产生波动，我们就可以采取跟进式提问，弄清楚这个问题究竟为何让受访者感到更大的压力，这样就离对方的真实想法更近了。

我们仍然以求职面试为例。

在求职面试中，代表性的控制式提问有以下几种。

"你的求职动机是什么？"

"你的长处是什么？"

"你在学生时代吃过什么苦？"

对于这类问题，求职者很有可能已经事先准备好了答案。

你要观察，在回答这类较容易的问题时，对方是什么样的状态，以此为基准对比求职者回答不同问题时的情绪波动。

对方感到压力大时产生情绪波动的原因千奇百怪，可能是他撒了谎，也可能是唤起了他对某事的回忆。

这就需要我们通过跟进式提问来寻求答案。

与开放式提问一样，为了弄清对方产生压力、情绪波动的原因，提问者需具备较强的观察能力，熟练掌握提问技巧。另外，提问者有必要事先准备好备用的控制式问题。

问题 3：**新型提问技巧　反预测式提问**

　　反预测式提问是一种新型提问技巧，指的是询问受访者预料之外的问题。这个提问技巧的主要功能是检验受访者是否说了谎，同时，它也可以用来从受访者那里获取更多有关一般性话题的信息。

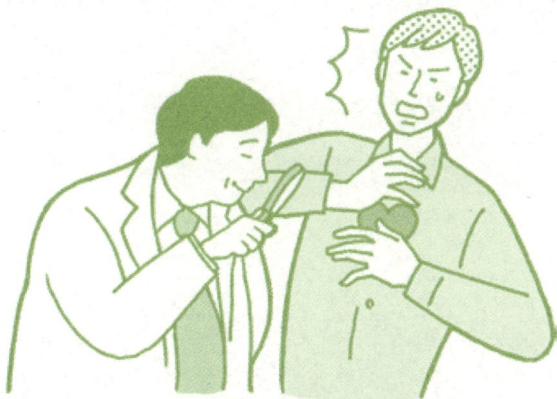

"反预测式提问"是有效的测谎提问技巧！

通过反预测式提问，我们可以推测出受访者平时面对类似问题时如何思考，如何应对。

自 2003 年以来，对于反预测式提问的研究越来越多。在其有效性得到证实之后，反预测式提问成了一种常用的提问技巧。我们可以从迄今为止的研究得知，反预测式问题主要有 5 种，分别是：感官类问题、时间类问题、行为过程类问题、反观点类问题、情景类问题。下面让我为你一一说明。

反预测式提问 1：感官类问题

感官类问题指的是与视觉、听觉、触觉、嗅觉、味觉有关的问题。

除非特殊情况，我们都会记住自己切身感受到的感官信息。如果你想确认对方是否在说谎，你可以详细地询问与感官有关的各种细节，相信我，询问这类问题可以起到一针见血的效果。

这类问题也可以用于询问同时在场的第三者的感受，这样你会获得更准确的信息。

"你身边的人觉得风景如何？"

"当时和你在一起的人，闻到了什么气味？"

不过，每个人的感官敏感度千差万别。比如，有的人可能会说自己完全不记得闻到过气味。这时，你的提问就失灵了。

无论如何，只要是真实的记忆，就一定可以和某种感官信息建立连接。只要你保持耐心，就一定可以找到蛛丝马迹。

在某些场合，人的嗅觉感受十分清晰，而在有些场合，人却完全没有嗅觉感受。对你来说，关键是要顺藤摸瓜，找到背后的原因。

反预测式提问 2：时间类问题

时间类问题指的是询问与时间细节有关的问题。

人除了有五感，同时也有时间感。特殊情况除外。一般人都可以描述出自己的时间感。

例如你可以这样提问。

"你从事这项工作多久了？"

"请告诉我，你那一天的日程安排是什么样的？"

"你几点进入那栋大楼，几点离开？"

"你排在第几号？"

反预测式提问 3：行为过程类问题

行为过程类问题指的是提出关于活动的过程以及活动期间各个阶段的内容安排的问题。

这类问题可以帮你详细了解对方的陈年往事或未来规划。

受访者通常会把亲身经历过的活动分为多个阶段。我们可以通过对各个阶段进行提问，获取更加详细的信息。

例如，你想要推测受访者是否想去旅行，以及对这次旅行有多少想法，你可以这样提问。

- "在做旅行攻略时，最让你感到疲惫的是什么？"
- "你会选择什么样的交通方式出行？"
- "你最想去的景点是哪儿？"

诸如此类的细节问题，如果对方都能对答如流，那么可以推测出对方真心想去旅行，以及对这趟旅行的具体想法。

反预测式提问 4：反观点类问题

反观点类问题指的是要求受访者评价与自己的观点完全相反的看法。通过受访者的回答内容，我们可以推断出他们的真实意图。

提问方式如下，"假设，你现在面临一种与现状完全相反的处境，你会怎么做？"此时我们预设两个对立的方案，方案 A 和方案 B。你可以让支持方案 A 的人假设他支持方案 B，并让他说出支持理由。通常，人们对于自己真心支持的方案，给出的支持理由更有说服力和逻辑性。

但是，如果你只是单纯地想让受访者回答问题，最好不要使用这类问题，因为你很有可能会暴露自己的提问意图。在使用该提问技巧时，你需要提前做点功课，并给对方一些激励，使他们对正反两种方案的看法都具有一定的说服力。

面试中，面试官喜欢那些对与自己观念相反的观点给出客观分析和评价的面试者，并会给予高度评价。评价相反观点作为一项面试评价标准，要求求职者在阐述赞同或反对意见时，都拿出足以令人信服的理由。

只要我们仔细观察求职者，对比其回答的内容，就可以推测出对方的真实想法。如果求职者说的是真实想法，他的措辞、表情、肢体语言会更加丰富。

反预测式提问 5：情景类问题

　　情景类问题是为回答者设定一个情景，询问对方在设定好的情景中会如何表现的问题。这类问题可以用来测试对方随机应变的能力，比如下面的问题。

　　"你的同事在工作中走了一些捷径，违反了公司的规定。但是他比你经验丰富，他告诉你这种方式效率更高，你会如何回应？"

　　"你正在做一个很重要的演讲，一位听众向你提了一个问题，你绞尽脑汁也回答不上来。此时你会怎么办？"

　　通过第一个问题，我们可以看出对方对于规则的态度；通过第二个问题，我们可以看出对方应对窘境的态度。当然，即便回答者真的面临同样的情景，也不一定会按照他给出的答案行事。所以，你不必把他的回答绝对化，重要的是看出对方的意图。

问题 4：**反复式提问** 从各种角度确认对方的记忆

反复式提问指的是从不同的角度对同一个问题反复提问。

通过从不同角度对同一个问题进行提问，你可以帮助对方确认回忆，甚至唤起已经被对方遗忘的记忆，进而推测对方回答的准确性。

反复式提问的技巧有两个，一个是只改变提问的措辞，另一个是改变提问的角度。

只改变提问的措辞，如下所示。

"你的长处是什么？"→"你的魅力是什么？"

"长处"替换为"魅力"，这是一种同义替换。

同义替换，即将最初的提问中使用的词语或者短语替换为同义的不同词语。

改变提问角度指的是对于同一个问题从不同的角度提问。前几节提到的感官类问题也可以在反复式提问中使用。下面，我将为你说明有效性已被证实的易于上手的三种反复式提问法：逆向提问法、图解法、交替提问法。

逆向提问法

这是一种要求对方按照与事情发展进程相反的顺序回答问题的方法。

例如，你想要对方按照逆向时间顺序回答昨天的行动，你可以这样提问："请你按照逆向顺序，说说昨晚到今早你都做了些什么？"

图解法

这是一种将感官信息画成图示的方法。

例如，一个人说他昨天在一家餐馆就餐，你可以让对方口头描述餐馆的样子。然后说："请画出餐馆的图样。"如果对方对餐馆的内部装潢和摆设很感兴趣，你可以让对方画出当时餐馆里的摆设和食客。对方的记忆力越好，餐馆的内部图就会画得越准确。

交替提问法

这是一种向有相同经历的两个人交替提问的方法。

开始提问时，你需要将两个人分开，分别提问，以收集信息。接下来，邀请两位回答者到同一个地点，对其中一个人再问一次同样的问题。

此时，你需要关注两个人答案中出现差异的问题。然后，在恰当的时间间隔（大约间隔 20 秒～ 30 秒），打断其中一方的回答，向另一方再次提问。

这个方法的要点在于，其中一个人必须认真倾听另一个人的回答。

这需要一个人边听边记，并准备自己的发言，这会让他产生很高的认知负荷。

我们可以不局限于这种提问技巧。不过，这种提问方式会让回答者大脑处于高认知负荷状态，当事人很难撒谎。

然而，记忆能力因人而异。即便对同样的经历，不同的人有不同的描述也很正常。如果两个人的描述完全一致，或在交替提问时，某一方的说法趋同于另一方，这时你就要当心了，要注意他是否更改了发言内容。

当你向有同样经历的两个人提问时，如果两个人的记忆出现了差异，你要注意观察，必要的时候可以提出跟进式问题，以引出更详细的信息。

问题 5：跟进式提问　打破砂锅问到底

跟进式提问即对回答中的任何漏洞或疑点展开追问，以深入挖掘。最简单的跟进式问题有："然后呢？""你能否展开说一说？"

当你向对方提这类问题时，要问到对方觉得已经想不出别的，或已经知无不言，言无不尽为止。即使是只提问跟进式问题，你也能获取大量信息。

还有一种跟进式提问方法是顺着对方的感受提问。或者说，询问对方回答问题时的感受。

尤其当对方言行不一致、情绪不稳定或有认知负荷时，这种提问方法十分管用。

举个例子，对方嘴上说着"我感到自信满满"，脸上却流露出恐惧的表情。这时，你可以询问对方："你是不是感到不安？如果你有顾虑的话，能说说是什么吗？"

当我们的提问让对方情绪不稳定或者认知负荷提高时，我们可以说，"这个问题可能让你稍微感到有些摸不着头脑，我换个提问方式吧。"这时我们可以换一个角度或换一种措辞，再次提问。

必要的话，我们可以说："回答这个问题并不难，但我发现你似乎心烦意乱，这是为什么呢？"这也是很有效的提问方式。

当然，跟进式提问的前提是需要提问者具备敏锐的观察能力，熟练掌握提问技巧。

问题 6：**突出要点式提问** 提高回答精准度

突出要点式提问要求受访者再次思考之前回答过的内容，做要点总结。突出要点式提问可以让受访者自发地再次确认信息是否准确。总结要点的过程有可能唤醒受访者新的记忆，或纠正错误的记忆，有提高答案准确性的作用。

比如，当采访时间较长时，我们可以说："请将你到目前为止的回答做一个小结。"

突出要点式提问也可以分阶段进行。

如果受访者对于总结自己的发言内容感到十分抗拒，我们也可以这样说："请让我确认一下你的回答。"然后依次确认受访者回答过的内容。当我们使用这个提问技巧时，要尽量使用对方用过的措辞，避免提出诱导性问题。

问题 7：闭环式提问　强力掌控对话局面

闭环式提问是指对方可以用简单的词语比如"是"或"否"来回答的提问方式。闭环式提问可以再次确认已经获得的信息，并掌控对话局面。

下面是记者对一位有外遇嫌疑的政客的采访。

记者：我可以问一个问题吗？您是否与 ×× 女士有婚外情？

政客：请让我对你说声谢谢。两年前，是你给了我一个发言的机会。当时，我犯了一个滔天大错，事情的责任在我。我向妻子忏悔。我和妻子是一个完整的家庭……这个问题我们已经解决了。

记者：现在这个问题已经妥善解决了吗？

政客：妥善解决了。

　　记者一开始询问："您是否与 ×× 女士有婚外情？"即采用了闭环式提问，以确认婚外情的真相。政客没有直接回答"是"或"否"，但他的回答等于间接承认了婚外情。

　　下一个问题："现在这个问题已经妥善解决了吗？"也是闭环式提问。政客没有直接回答"是"，但在语义上几乎是肯定的。

　　通过这类闭环式提问，我们可以确认目前所掌握的所有信息，也可以再次确认对方回答的内容。

　　闭环式提问对掌控对话局面也很有效。

引出"是"或"否"的闭环式提问

如果一个人想撒谎或隐藏真相，在谈及与他们有关的话题或问题时，他们往往会避免直接回答，或通过谈论别的话题来转移注意力。

遇到这样的情况，我们可以继续进行闭环式提问，将对话带回到我们的节奏。

"我们以后再谈这个话题，让我确认一下×××（重点关注的话题）。"

"你是否知道×××？"

然而，因为闭环式提问只需回答简短的"是"或"否"，所以我们并不能从对方那里获取更多信息。因此，我建议以开放式提问为主，当需要再次确认信息或调整对话方向的时候，我们可以用闭环式提问过渡。

我将本章中的提问技巧总结在下方表格中，方便你在实际运用时进行参考。

反预测式提问法

名称	内容	优点	缺点
感官类问题	提问有关视觉、听觉、触觉、嗅觉和味觉的信息	◑ 获取感官信息 ◑ 测谎	◑ 每个人的感官敏感度存在差异 ◑ 某些情况下可能不管用
时间类问题	询问时间细节	获取时间顺序的信息	/
行为过程类问题	询问计划过程及活动的每一个阶段的信息	◑ 获取过去的细节信息 ◑ 还能知道未来规划	/
反观点类问题	要求对方评价与他的主张完全相反的看法	◑ 测谎	◑ 给对方一种不信任感 ◑ 较难设置提问
情景类问题	询问在假设情景下会采取什么样的行动	◑ 测试对方随机应变的能力	◑ 对方不一定言行一致

7 个提问技巧

名称	内容	优点	缺点
开放式提问	回答者无法用"是"或"否"这样简短的词语回答的提问技巧	询问细节信息 可以减少提问 了解回答者的关注点	回答内容可能会偏离话题核心 要求提问者具备敏锐的观察力，熟练掌握提问技巧
控制式提问	提问者假装自己不知道答案，要求回答者回答本人已经知道的答案的提问技巧	确认对方的情绪底色	要求提问者有敏锐的观察力，熟练掌握提问技巧 需事先滴水不漏地准备回答者知道答案的问题
反预测式提问	回答者无法预测回答内容的提问技巧	获取细节信息 测谎，谎言识别率为 80%	什么样的问题对回答者来说是反预测式提问？对此并没有明确的界定
反复式提问	同样的内容，用不一样的措辞和角度来提问	再次确认信息 获取细节信息 测谎	需注意的是对同样的内容进行提问
跟进式提问	对回答内容还有在意的点或不明白的地方，可以深入挖掘	获取细节信息	要求提问者有敏锐的观察力，熟练掌握提问技巧
突出要点式提问	要求回答者对回答过的内容再次思考，进行总结的提问技巧	确认信息的准确性 有可能获取新信息	一旦提问者擅自总结回答内容，恐怕会变成诱导式提问
闭环式提问	回答者可以用简短的词语"是"或"否"回答的提问技巧	再次确认已获取的信息，掌控对话局面	无法获取较多的信息

通过提问寻找真相

接下来，让我们通过专门的练习来掌握提问技巧。本次练习中，你将挑战如何提出反预测式问题。反预测式问题有5种类型：感官类问题、时间类问题、行为过程类问题、反观点类问题和情景类问题。

练习 1 如何进行反预测式提问

背景

你的朋友池田正在和你谈论他第一次去香川县旅行的事。

对话里，池田提到他去了一家乌冬面馆。

你没有去过香川县，所以你对香川县的正宗乌冬面很感兴趣。你想让池田为你尽可能详细地描绘乌冬面店是什么样子，你该如何提问呢？

假设下面三项是你想了解的有关该乌冬面店的信息，你应该向池田问什么问题，以便获得更详细的信息呢？

1. 店内外的环境。

2. 店员的服务。

3. 乌冬面的卖相和味道。

案例解析

本次提问的目的是向池田问出乌冬面店的详细信息，因此，感官类问题更为适合。

1. 店内外的环境。

"乌冬面馆的外观如何？"

"进入店里的那一刻，店内的空气和温度是什么样的？"

"店面有多大？"

"桌椅摆放是什么样的？"

"有其他顾客吗？"

2. 店员的服务。

"服务员有多大年龄？"

"有几位服务员？"

"服务员和你说了些什么？"

3. 乌冬面的卖相和味道。

"你觉得乌冬面的口感、味道、汤汁如何？"

如果将这些问题加入你们的对话当中，不仅能够促进交流，而且可以使你对乌冬面馆的印象更清晰。

池田的回答总结如下。

"这家店外观朴素，是一家外表泛着灰色的老式面馆。透过玻璃拉门，几乎可以从外面看到店内所有的座位区。踏入店里的那一刻，我感到热腾腾的蒸汽扑面而来，眼镜瞬间便起了雾。店里湿度很高，面积大概有小学教室的一半大。店内并没有什么装饰。桌椅是会场常见的长桌和圆椅。店内几乎座无虚席。一位七十岁左右的阿婆为我们点浇头。或许是因为面馆人多拥挤，阿婆的态度很冷淡。还有一位服务员负责点其他的菜。我有些记不清了。厨房里大概有两个人。当我吃完乌冬面准备离开时，服务员阿婆很生气地说：'请收拾干净！'乌冬面的味道平平无奇，太过普通了，我已经记不太清了。我觉得丸龟制面的乌冬面更好吃。"

你眼前是否浮现出了这家乌冬面馆的样子呢？

其实这是香川县一家很受欢迎的老字号乌冬面馆。对池田来说，比起"主角"乌冬面的味道，这家店的外观和店员的服务在他的记忆中似乎留下了更深刻的印象。

练习2　如何设置反预测式问题

假设你是一个面试官，你想准确地判断求职者的求职意愿有多强。当然，求职者会说贵公司是他的第一选择。当然，你不能完全相信。如果你给了他入职通知书，被"放鸽子"就麻烦了。

那么，你应该通过什么样的问题来确认对方的求职意愿呢？

在下面几个问题中，你认为哪一个是最佳选择？

1. 如果你不能加入我们公司，你想去哪家公司？

2. 请你用1～10分来表示自己想加入我们公司的意愿，你为自己打多少分？

3. 如果你做不了你想做的事，你还想加入我们公司吗？

4. 你的第二选择是哪里？

案例解析

如果你想听到对方的真实想法或意见，反观点类问题很管用。

你可以提一个与回答者的观点直接冲突的问题，以此确认对方的想法。举一个通俗易懂的例子，如果有人提出"反对加班"这个观点，你可以问："如果你赞成加班，你会用什么理由来支持你的观点？"

不过，正如前文所说，这个提问方法可能会得到对方敷衍的回应。因此，当你使用反观点类问题提问时，为了让对方积极地说出他的意见，你需要给予回答者一些激励。

将一个人的真实想法和谎言进行比较，我们可以很明显地看出二者的差异。人们在叙述自己不相信的观点时，往往表情僵硬，内容缺乏细节，因而很容易被看穿。

我们长话短说，接下来解读本节提到的案例。

答案是 4。一般而言，求职时的第一选择和第二选择通常可能存在竞争关系。因此，询问第二选择，我们更容易进行比较。

问完这个问题后，你还可以追问以下问题。

"我们公司并没有否定竞争对手，我们更希望将对手的套路摸清。所以希望你能保持同样的热情。不管是我们公司，还是你的第二选择。基于上述原因，请你说一说你的第二选择的求职理由。"

上述内容，是你为求职者做的一个铺垫。这样一来，让求职者可以像叙述第一选择一样，叙述第二选择的求职理由。

请注意求职者在叙述第一选择和第二选择时的言行举止。

叙述时表情更丰富、理由更加充分的一项可能是第一选择。

其余三个问题并不适合用来询问对方真实的求职意图。

1. 如果你不能加入我们公司，你想去哪家公司？

这个反观点类问题的不妥之处在于，做出了消极假设："如果你不能加入我们公司……"求职者可能因此产生消极想法，"什么？！意思是我很可能落选吗？""我是不是走个过场的陪跑者？"求职者可能会因此感到心里不快，无法冷静交谈。

如果你询问其他一些类似的会造成心理压迫的问题，你就会很难区分回答者的情绪，究竟对方是因为担心谎言被拆穿而害怕呢？还是因为有压迫感的提问让其产生了抵抗情绪呢？原则上，我们在提问时，应当避免心理压迫类问题。

2. 请你用 1 ~ 10 分来表示想加入我们公司的意愿，你为自己打多少分？

求职者一定会回答"10 分"吧。在这个场景里这不算一个有效的问题。

3. 如果你做不了你想做的事，你还想加入我们公司吗？

这个问题与问题 1 一样，可能会给求职者带来不必要的心理压力。

语言不同，手势有异

在第 3 章中，我们讲解了世界共通的手势。上下点头表示肯定，左右摇头表示否定。动作本身是共通的，但在不同的语言中，手势的含义也不尽相同。请看下面的例子。

A：你喜欢蛇吗？

B：不，我不喜欢。

A：你不喜欢蛇吗？

B：是的，我不喜欢蛇。

通常，人们回答"不"时，左右摇头，回答"是"时，上下点头。让我们把这个交流换成英文语境。

A：Do you like snakes?

B：No, I don't.

A：Don't you like snakes, do you?

B：No, I don't.

两个回答都是"No"，所以应是"摇头"动作。

虽然问的是同一类型的问题，但由于语言的表达模式不同，相关的动作也会产生差异。

在英语中，不管怎么提问，肯定句是肯定句，否定句是否定句。而在东方语境中决定一句话是肯定句还是否定句，并不取决于"是"或"否"这两个词，而是要结合跟在这两个词后面的内容来决定。

因此，不能单纯地解读肢体语言，而应该结合语境和与之相关的肢体语言来进行解释。

我正在理发店洗头。

美发师：您的头皮没有哪儿痒吗？
我：是的。
另一天，我又去理发店洗头。
美发师：您的头皮没有哪儿痒吗？
我：没有。

那么，我究竟是"痒"还是"不痒"呢？你根本无从得知。

跟着猫猫做练习

喵式表白

看破你的 100 个心眼子。

练习篇

如何读懂别人的心思：
跟我一起练习一下吧

通过本章的练习，你可以将学到的知识运用于实践，锻炼自己的实操能力。

本章内容包含了多种场景，如当你作为一名采访者时，你要如何观察受访者，如何提问，用什么样的态度，如何解释对方的一言一行。你可以一边阅读一边思考这些问题。

通过本章你可以将前面所有章节学过的方法，吸收成自己的知识，甚至转化成自己的实战技巧。

在谈判中读懂对方

我们可以在谈判、洽谈中锻炼解读对方真实意图的能力。

谈判、洽谈几乎可以应用于所有的交涉场合，不限于任何规模和类型，包括店头吆喝、保险推销、公司合伙人之间的洽谈，等等。从广义上说，求婚仪式也是一种谈判，小朋友跟大人要玩具也是。

尽管谈判形式多种多样，但所有谈判都有一个共同点，那就是以双方利益达成一致为目的。谈判时，双方都真诚地表达自己的意愿，就有可能达成双赢。

然而，在谈判中，真诚地表达也会暴露自己的弱点。因此，你不能过于坦率地亮出底牌；同样的，对方也不会直接亮出底牌。

因此，我们需要通过谈判对象的言外之意来揣测其真实意图，预估对方的底线，寻求一个对自己有利，或是双赢的结果。

接下来，我们开始谈判过程的模拟练习。

下面，你将看到一个模拟商业伙伴谈判的场景，你可以借此测一测你的非语言理解能力。请各位读者朋友站在卖方立场，解读买方的所有信息，推测其真实想法。

谈判场景 1

请阅读以下谈判条件。假设你是卖方，请推测买方的真实意图。请在方框的合适位置写下你的推测内容。

卖方的谈判条件如下。

你是清水工业公司的一名销售经理。你的目的是和青木工业公司的采购经理就某款灯泡的销售进行谈判。

这款灯泡是一款特殊商品，可以谈判的对象并不多。据你所知，目前只有两家公司使用这款灯泡。分别是青木工业公司和村田工业公司。

你已经和村田工业公司就灯泡销售进行了谈判，并确认对方只愿意支付 300 日元的价格。

然而，这比你预估的价格要低，或许你可以向青木工业公司要求一个更高的价格。你不知道青木工业公司是否还和其他供应商在谈判。

你想以尽可能高的价格将灯泡卖给青木工业公司。但你不能只考虑价格，运输时间、安装费用、支付期限等也需要一并考虑。

● 运输时间

你需要尽快运输灯泡。清水工业公司的仓库没有空间存放这些灯泡，因此灯泡需要保管在另一家公司的仓库里，需额外付费。清水工业公司推迟交付灯泡的时间越长，租赁仓库的费用就越高。

● 安装费用

如果你打算包下青木工业公司的灯泡安装，可以向对方申请额外的安装费用。通常情况下，服务内容不包括灯泡安装。你可以向青木工业公司单独收取安装费。你可以选择"全套安装"或"部分安装"，这取决于青木工业公司支付费用的多少。

● 支付期限

你希望青木工业公司收到灯泡后，一周内支付货款。这样你可以将资金付给自己公司的供应商，这对你来说非常重要。

最好能和青木工业公司就支付期限达成一致。但这不是强制性条件。如果你认为和村田工业公司交易更适合全套安装，也可以与他们交易。村田工业公司的条件如下：灯泡价格为 300 日元，运输时间为 3 周，承诺在 3 周后支付费用。

● 交易损益表

下表可以作为与青木工业公司交易的参考。青木工业公司也有一份交易损益表，附在本节最后。清水工业公司和青木工业公司双方看不到彼此的损益表。

清水工业公司损益表（以一只灯泡为例）

内容	清水工业公司利润
售价	
300 日元	0 日元
1,200 日元	900 日元

（续表）

内容	清水工业公司利润
2,100 日元	1,800 日元
3,000 日元	2,700 日元
运输时间	
1 周	1,200 日元
2 周	600 日元
3 周	0 日元
安装	
全套安装	0 日元
部分安装	75 日元
不安装	150 日元
支付时间	
1 周后	1,200 日元
2 周后	600 日元
3 周后	0 日元

（注：案例中的价格只用于案例说明，不具任何现实参考价值。）

谈判开始！

谈判开始前，买方在低头浏览文件。

（1）请写下你注意到的信息。

```


```

卖方（清水工业）：您好，我是清水工业的长塚。

买方（青木工业）：您好，请多关照。我是青木工业的池田。

卖方（清水工业）：那我直接进入正题了。关于灯泡价格，我们公司希望以 3,200 日元的价格成交，您这边怎么考虑的呢？

买方（青木工业）：知道了，3,200 日元对吧？**我们这边想先谈一谈送货时间。**

（2）请写下你注意到的信息。

```


```

卖方（清水工业）：行，那我们综合考量一下吧。送货时间我们希望是 1 周，如何？

买方（青木工业）：给 1 周时间吗？

卖方（清水工业）：1 周时间，您这边可以吗？

买方（青木工业）：没问题，就先定 1 周，可以的。

卖方（清水工业）：您公司有什么安装要求吗？

买方（青木工业）：这是一款特殊灯泡吧，方便的话还是希望委托贵司安装。

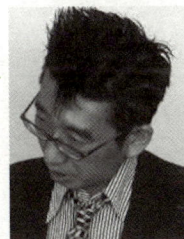

（3）请写下你注意到的信息。

卖方（清水工业）：了解了，请问全套安装可以吗？

买方（青木工业）：稍等，我再考虑考虑。——

（4）请写下你注意到的信息。

卖方（清水工业）：明白了。那就定全套安装。

买方（青木工业）：好的。

卖方（清水工业）：支付这边的话，我们希望可以当天结算。

买方（青木工业）：知道了。但我们公司有固定的结算日。

可以的话，希望是在交付灯泡的 3 周后。

（5）请写下你注意到的信息。

卖方（清水工业）：这样的话，我这边有点不好办。不然我们综合考量，比如说，安装全权交给我司负责。当日结算不行的话，1 周后，您看可以吗?

买方（青木工业）：1 周后啊……

卖方（清水工业）：我司可以提供灯具的全套安装服务。

买方（青木工业）：嗯，具体怎么说呢?

卖方（清水工业）：可以由我们公司全权负责安装。因为是一款特殊灯泡，如果贵司自己安装的话，恐怕……

买方（青木工业）：对，我们没有专业的安装人员。

卖方（清水工业）：贵司可以全权交由

我司负责安装。

买方（青木工业）：知道了。

卖方（清水工业）：您看可以接受吗？

买方（青木工业）：稍等，我们一开始——谈的价格是 3,200 日元，对吧？

（6）请写下你注意到的信息。

> ┌─────────────────────────────┐
> │   │
> │   │
> │   │
> │   │
> └─────────────────────────────┘

卖方（清水工业）：对。

买方（青木工业）：要付给你们安装费对吧？——

卖方（清水工业）：对的。

买方（青木工业）：我知道了。

卖方（清水工业）：方便的话，我们公司希望能在 1 周后结算，您看可以吗？您同意的话，我司可以提供配套的安装服务。您这边可以考虑考虑。

买方（青木工业）：**我明白了，**安装这一块我想再确认一下。

卖方（清水工业）：您说。

买方（青木工业）：不好意思，我知道这是一款特殊灯泡。

卖方（清水工业）：您继续。

买方（青木工业）：**有没有可能，向贵司借一借安装说明书，**由我司自行安装？

卖方（清水工业）：好吧，那就由贵司负责全套安装。

买方（青木工业）：**这是可以的，对吧？**如果这样的话，支付时间能否再长一些呢？

（7）请写下你注意到的信息。

卖方（清水工业）：大概需要多久？

买方（青木工业）：我想一想，理想的情况下……

卖方（清水工业）：灯泡价格您这边没问题吧？

买方（青木工业）：3,200 日元对吧？

卖方（清水工业）：对的，价格没问题，只是 3 周时间交付有点……

买方（青木工业）：3 周吗？

卖方（清水工业）：嗯，2 周您看可以吗？

买方（青木工业）：我考虑一下……那就 2 周吧。

卖方（清水工业）：好的。我确认一下，2 周付款期，无须安装，送货时间 1 周，这样可以吗？

买方（青木工业）：对，是这些条件。

卖方（清水工业）：灯泡价格是 3,200 日元。

买方（青木工业）：知道了。

卖方（清水工业）：我方已经尽力开出

条件了。

买方（青木工业）：我们也是拿出了诚意在谈的。

卖方（清水工业）：您看这样行吗？送货时间 1 周，1 周后付款，全套安装的话，灯泡的价格定为 3,000 日元，怎么样？

买方（青木工业）：我再确认一下可以吗？

卖方（清水工业）：可以。

买方（青木工业）：3,000 日元，送货时间是？

卖方（清水工业）：1 周时间。但我司可以提供灯具全套安装。费用 1 周后支付，可以吗？

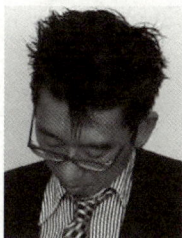

买方（青木工业）：这样啊……

（8）请写下你注意到的信息。

卖方（清水工业）：我这边已经做出很大让步了。

买方（青木工业）：明白。贵司的价格确实很优惠了。

卖方（清水工业）：请问您这边可以吗？

买方（青木工业）：我再考虑一下。

卖方（清水工业）：十分抱歉，我这边接下来还有安排。

买方（青木工业）：好的，我知道了。送货时间1周，1周后付款。灯泡价格3,000日元。请按照这个条件来吧。麻烦您了。

案例解析

（1）请写下你注意到的信息。

对方直到谈判开始前的最后一刻，一直在翻看谈判条款。这说明他很有可能并不了解行情，造成了认知负荷。这对卖方来说是个优势。

（2）请写下你注意到的信息。

对方是不是在比较价格的高低？或是有别的思考？无论何种情况，对方似乎没空看你，他在避免与你就价格正面谈判，而是转移话题到了送货时间。很可能是对方想在谈判中占据主导地位。

（3）请写下你注意到的信息。

谈判开始后，对方第一次抬头。可以推测买方对你提出的"安装"服务很感兴趣。

（4）请写下你注意到的信息。

对方抬头看向天花板，要么是没有完全理解盈亏模式，要么是花了很长时间来计算盈亏。

（5）请写下你注意到的信息。

对方似乎还是没有时间抬头和你对视，当对方恳切地提出需要"3 周"时间时，视线看向了你。当人们认知负荷加重时，很难撒谎。"3 周"时间很可能是对方提出的真实要求。

（6）请写下你注意到的信息。

卖方提出了"全套安装""1 周付款期"的条件，对方上下打量，闭上双眼计算盈亏。从对方手忙脚乱的样子可以推断出，他并不是在谈判策略上有所顾虑，对方不是不愿意做出决定，而是大脑来不及思考如何回答。

（7）请写下你注意到的信息。

因为卖方看不到买方的盈亏信息，买方提出"无须安装"想延长"付款期限"，谈判策略上略带施压的语气。"全套安装""1周付款期"，卖方利润是 1,200 日元，"无需安装""3周付款期"，卖方利润是 150 日元。

然而，在谈判刚开始时，买方口头上曾提出"安装要求"和"3周付款期"，行为上也表现出了兴趣。如果你记得一开始的这些条件，就可以推测出，买方在这个时候并没有思考任何谈判策略，很可能是因为在计算盈亏，大脑转不过来。

（8）请写下你注意到的信息。

直到谈判最后，买方都在集中精力计算盈亏，没空抬头和卖方进行视线交流。

通过这次实践，我们可以看出，因为对方对谈判条件即损益表不够熟悉。谈判时没法关注卖方的动向并及时调整谈判策略。这次谈判中，买方无法看出卖方在何时，关心什么样的条件，什么时候面露难色，什么时候内心动摇。卖方会认为，买方不想被看穿，想按自己的节奏推进谈判。

你可以在销售人员身上看到类似的情况。他们常会因为对产品信息不够熟悉，一心讲解商品宣传册上的内容，而忽略了客户的需求。

这会让他无法摸清客户的需求，搞不清客户更想了解哪一方面的信息，又或是毫无兴趣。显然，一名优秀的销售人员不会这样做。谈判、销售这类事务，只有做到事无巨细、精心准备，才能集中精力面对面与客户进行针锋相对的谈判。

现在，我们再来看一个谈判场景。

谈判场景 2

请阅读下面的谈判条款。假设你是卖方，请推测买方的真实意图，买方的言行后设有空白框，请在框内写下你解读到的买方的真实意图。

卖方的谈判条件：与谈判场景 1 一样。

谈判开始！

谈判开始时买方的状态：买方在浏览有关谈判条款的文件。

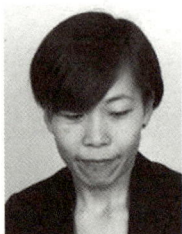

（1）请写下你注意到的信息。

卖方（清水工业）：您好，我是清水工业的长塚。

买方（青木工业）：**您好，请多多关照。**——

我是青木工业的森本。

卖方（清水工业）：您好，咱开门见山，

我们公司希望灯泡售价是 3,200 日元。

请问贵司是如何考虑的呢？

（2）请写下你注意到的信息。

买方（青木工业）：知道了，3,200 日元有点困难，贵司还能再让步多少呢，有没有最低价？

（3）请写下你注意到的信息。

卖方（清水工业）：我们公司是这样的，这个价格考虑到了运输时间、灯具安装、付款期限等等因素，贵司能否综合考量一下呢？

买方（青木工业）：好的，请务必多多——关照。

（4）请写下你注意到的信息。

卖方（清水工业）：运输时间，我们公司希望尽快到货，所以暂定 1 周时间。

买方（青木工业）：可以，1 周时间，好的。——

（5）请写下你注意到的信息。

卖方（清水工业）：安装方面的话，贵司有什么要求？

买方（青木工业）：是这样的，可以的话我们希望全套安装。

贵司现在还提供全套安装服务吗？还是不提供了呢？

（6）请写下你注意到的信息。

卖方（清水工业）：如果是全套安装的话，对我们公司来说也比较麻烦。

买方（青木工业）：知道了，好的。

（7）请写下你注意到的信息。

```



```

卖方（清水工业）：如果包含安装费的话，这已经是优惠价了。

买方（青木工业）：我明白了。

卖方（清水工业）：付款期限的话，我们希望是当天结算。

买方（青木工业）：嗯。

卖方（清水工业）：我们和其他供应商也是当天结算，贵司这边有什么要求吗?

买方（青木工业）：是这样的，当天付款的话，请问具体时间点怎么说? 我们公司也想尽快付款。

卖方（清水工业）：货到付款怎么样?送货时间需要 1 周。

买方（青木工业）：好的。考虑到送货需要 1 周，这样的话，贵司希望运输后直接付款，对吧？还有安装问题，我们——

公司没有相关的安装人员，方便的话，——

希望贵司可以提供全套安装服务。

（8）请写下你注意到的信息。

卖方（清水工业）：我们可以提供全套安装服务。但价格方面，我们很难再降了。

买方（青木工业）：好的，如果按全套安装来算的话。

卖方（清水工业）：价格是 3,200 日元。

买方（青木工业）：还能比这更低吗？——

卖方（清水工业）：您说。

买方（青木工业）：如果贵司提供全套——安装服务，确实是帮了我们一个大忙。

价格方面的话，3,000 日元······ ——

（9）请写下你注意到的信息。

卖方（清水工业）：打断一下······我们定的价格是3,200日元。

买方（青木工业）：不好意思，是3,200

日元。十分抱歉。3,200 日元的话，比——

其他公司的报价高了一些······

卖方（清水工业）：那贵司希望是多少？

买方（青木工业）：能否再便宜 1,000——

日元左右？

卖方（清水工业）：您的意思是 2,200

日元上下吗？

买方（青木工业）：对的。

卖方（清水工业）：这个价格，再加上全套安装服务的话……

买方（青木工业）：如果价格可以更优惠，我们还能享受全套安装服务的话，对贵司来说，确实是个亏本买卖了。如果说价格不超过 3,000 日元的话，我们希望可以和贵司保持定期采购。

卖方（清水工业）：全套安装需要特殊技术。所以我们希望价格定为 3,000 日元，1 周后付款。贵司觉得 3,000 日元高了吗？

买方（青木工业）：可以控制在 3,000 日元以内吗？这样的话，我们也能按贵司的要求，尽快付款。

（10）请写下你注意到的信息。

卖方（清水工业）：好的，知道了。如果贵司觉得 3,000 日元高的话，2,800 日元可以吗？

买方（青木工业）：**2,800 日元，我想一想。**

（11）请写下你注意到的信息。

卖方（清水工业）：不过，3,000 日元以内的话，我们会派承包商的人去安装，贵司可以接受吗？

买方（青木工业）：可以。**1 周送货吗？**

卖方（清水工业）：对，1 周时间。

买方（青木工业）：谢谢。**请问价格还能再降吗？**

卖方（清水工业）：可以给到 3,000 日元

以内。

买方（青木工业）：2,500 日元可以吗？

卖方（清水工业）：因为我们公司还提供全套安装服务，价格方面很难再让步了。

买方（青木工业）：了解了。2,800 日元是吗？

卖方（清水工业）：我们公司已经做了很大的让步了。

买方（青木工业）：我明白，贵司已经让步很大了。现在有一个情况，我们和铃木工业公司也在谈，很不巧，对方给出的条件也是 2,800 日元，1 周送货，全套安装。你们两家公司开出的条件一模一样。我们这边难以抉择。

（12）请写下你注意到的信息。

卖方（清水工业）：了解了，那 2,700 日元可以吗？

买方（青木工业）：**还能再降么？**我知道贵司很有诚意，**能再降 100 日元吗？**

卖方（清水工业）：那 2,600 日元。

买方（青木工业）：成交，2,600 日元。运输时间和付款时间就定 1 周。

卖方（清水工业）：可以，由我司负责全套安装。

买方（青木工业）：好的，十分感谢。还请多多关照。

案例解析

（1）请写下你注意到的信息。

虽然买方在浏览损益表，与其说是对损益表内容不了解，不如说是在进行最后的确认。为什么这么说呢？你注意观察买方的面部表情。嘴角上扬，面带微笑。可以看出，这是一种轻松愉悦的状态。不太可能是为了理解损益表的内容注意力高度集中的样子。

（2）请写下你注意到的信息。

买方在向你微笑。微笑传递的信息是"你是我的朋友"。微笑容易让人不自觉地做出让步。当你看到微笑时，要当心，不要轻易妥协。

（3）请写下你注意到的信息。

买方的表情虽然并不严肃，但她较真地看着你，表示难以接受目前的价格。这表明接下来很难以 3,200 日元的价格继续谈判。从这个表情也可以看出，买方难以爽快地接受卖方开出的条件。

（4）请写下你注意到的信息。

在转换谈判话题时，买方依旧保持着微笑。这表明她想再次表示"你是我的朋友"。虽说现在的条件难以接受，但她愿意以新的姿态谈别的条件。

（5）请写下你注意到的信息。

买方双眼瞪大，嘴角上扬。我们可以看出，她很关注"送货时间 1 周"这个信息。这和前面谈价格时的表情相比截然不同。当我们在向谈判方提出条件时，如果对方出现了双眼瞪大的微表情，你大可不必对刚提出的条件做出妥协。你可以直接开出条件，在某些情况下，开出更高的条件很可能对自己有利。

（6）请写下你注意到的信息。

买方睁大双眼，表明某事引起了她极大的兴趣。本次谈判中，买方的重点集中在"全套安装"上。

（7）请写下你注意到的信息。

我们在买方的面部看出了悲伤的表情。表现出悲伤的表情是因为"失去了重要的人或事"。因此，买方出现悲伤表情很可能是因为很在意"全套安装"或是因为"价格谈不拢"，又或者二者皆有。

（8）请写下你注意到的信息。

在第 1 张表情中，买方眉毛上挑，认真盯着你看。第 2、第 3 张表情中，买方眉毛内侧向上扬，表现出了悲伤的表情。从表情和对话中，我们可以推测出，对买方来说"全套安装"是一个很重要的条件。

（9）请写下你注意到的信息。

压低眉毛说明买方对眼前的困境感到不满。买方误报价格 3,000 日元，这一口误很可能反映了买方希望价格降低到 3,000 日元以下。

（10）请写下你注意到的信息。

眉毛下垂，用力抿嘴唇。从这个表情我们可以看出，买方正在思考目前的情况，认知负荷较高，并没有接受 3,000 日元这个条件。

青木工业公司损益表（以一只灯泡为例）

内容	青木工业公司利润
进价	
300 日元	2,700 日元
1,200 日元	1,800 日元
2,100 日元	900 日元
3,000 日元	0 日元
运输时间	
1 周	1,200 日元
2 周	600 日元
3 周	0 日元
安装	

（续表）

内容	青木工业公司利润
全套安装	1,200 日元
部分安装	600 日元
不安装	0 日元
付款期限	
1 周后	0 日元
2 周后	75 日元
3 周后	150 日元

（11）请写下你注意到的信息。

买方的表情和对话都表现出沉思的状态。这表明以 2,800 日元的价格很难谈拢。

（12）请写下你注意到的信息。

买方没有和卖方进行眼神交流，而是提出了条件，一边对话一边思考。

谈判时，买方密切关注着卖方。对卖方提出的条件，一边观察一边思考，进而提出自己的要求。

与谈判场景 1 中的情况类似，卖方想主导谈判节奏并不容易。然而，从买方不时变化的表情和言行举止中，我们可以推测出买方的真实意图，预测买方何时会动摇，哪些话是真话。

这段谈判场景分析想让你学会：谈判时，你需要仔细观察买方，随时调整谈判条件，找到双方共同的目标。

在本节的最后，我为你总结了谈判场景 1、2 的结果，你可以对照自己的答案，看一看自己的思考是否符合最终结果。

谈判场景 1 的结果如下。

卖方利润：5,100 日元。

谈判场景 2 的结果如下。

卖方利润：4,700 日元。

在面试现场读懂对方

本节我将教你如何在面试中看透求职者的内心。

面试时你需要在短时间内判断求职者的资质、能力和潜力。想要做到这一点，你需要营造一种面试氛围，让求职者不仅回答为面试准备的内容，还主动透露更多信息。

接下来进入实践环节。你可通过两次模拟面试的全部内容，尝试看透求职者的内心。请把自己当作一个面试官，解读求职者的言行举止吧。

请你运用所有学过的知识，努力看透求职者的内心。

场景 1：面试官询问求职者未来的梦想。

目标 1：求职者的说话内容后设有空白栏，请记录下你解读出的真心话。你还需注意"确认"标志部分，思考面试官的提问意图。

面试开始！

求职者在面试开始时的表情，如图所示。——

（1）请写下你注意到的信息。

面试官：请说一说你的梦想。

求职者：说起自己的梦想，我感到有些——
难为情。我的梦想是做电影演员，环游
全世界。我想继续演电影，并把它当成
我的工作。无论我在哪儿，我都想继续
参与那些打动人心的电影作品的拍摄。
我喜欢多元文化，想去世界各地，看
五彩缤纷的衣着打扮，游览城市街景，
感受自然风光。我可以在参与电影拍
摄的过程中获得很多乐趣，且乐此不

疲。我的梦想是生活多姿多彩，<mark>可以随时打开自己的感官世界，</mark>体验各种新鲜感。

（2）请写下你注意到的信息。

面试官：你的梦想有几分真实？你真的很想实现自己的梦想吗？比如，是否可以用 1 ~ 10 分来评价你的梦想？

求职者：<mark>可以！9分！</mark>

（3）请写下你注意到的信息。

面试官：你认为大概几年后，梦想可以
变成现实？　👆［确认 A］
求职者：这个的话，我想想，两年后可以。

（4）请写下你注意到的信息。

面试官：为了实现梦想，你做了哪些准备呢？　👆［确认 B］
求职者：是这样的，现在，我正在参加一个电影导演的工作
坊。他曾在好莱坞工作，有许多经验。虽然我也不是很明

白，但我很想出国去培训。我加入他的工作坊，是想获得一些试镜机会。我也在日本参加工作坊，我希望可以打下扎实的基本功，提高自己的演技。所以，我平时从事一些与舞台相关的工作，业余时间参加工作坊的培训。

（5）请写下你注意到的信息。

面试官：我明白了。顺便问一下，你是否知道能够轻松通过试镜的秘诀？

求职者：您指什么呢？我没有想走捷径。

面试官：你可以展开说一说？

求职者：我想说的是，我并不是想去"演戏"。人们常说，要敢于冒险。我希望人们喜欢我，认为我有魅力。但我想摆脱这些标签，做自己就好。导演说："如果你能做自己，那就是你独特的魅

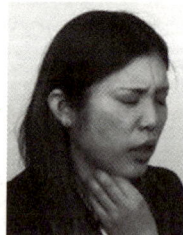

力，你会被世界很好地接纳。但并不是每个人都能做到这一点。所以，演戏就是和真实的自我做斗争。"当你充分展示了自我时，在别人看来，"看，那个演员好入戏。"我就会感到自己被认可了。

（6）请写下你注意到的信息。

面试官：我明白了。保持自然状态很重要，但要做到却很难。其他的你还准备了什么呢？ Do you speak English?（你会说英语吗？） 👆 ［确认 C］

求 职 者：Ah, just a little bit.（会 一点点。）

（7）请写下你注意到的信息。

（面试官：How do you study English?（你如何学习英语？）

求 职 者：Ah, So, Actually, I live in a guesthouse. So, there are a lot of foreign people.（其实，我住在民宿，那里有许多外国人。）

（8）请写下你注意到的信息。

面试官：What is guesthouse?（什么是民宿？）

求职者：Like a sharehouse.（类似合租公寓。）

面试官：What is a diffe-
rence between them?（它
们之间有什么区别？）

求职者：I think a gues-
thouse has a lot
of foreign people.

Sharehouse is so popular in japan.There are many

sharehouse only Japanese, but my

sharehouse（guesthouse）is about 50%

or 60% foreign people.（民宿里有许多外
国人。合租公寓在日本很流行，有的只
有日本人住。我住的合租公寓［民宿］
里有一半或超过半数的外国人。）

（9）请写下你注意到的信息。

案例解析

（1）请写下你注意到的信息。

求职者眉间没有皱纹，是一种很放松的状态。因为能看清她的额头，我们可以解读出一些表情。

（2）请写下你注意到的信息。

当谈到令人憧憬的未来蓝图时，求职者脸上泛起了笑容，言行一致。在说完"环游全世界"后，她嘴角上扬，抿嘴，收缩下巴。能看出这是因为她谈到梦想时感到有些难为情。她将双手放在胸前，说她从来没有这样的感觉。这种行为和说话内容所表达的情绪是一致的。

（3）请写下你注意到的信息。

她说了一个"副语言"后眉头紧锁，说明她思考了一段时间。从中可以看出，她平时没有用过数字来表达自己的梦想。当她说出数字 9 的时候，脸上浮现了笑容。我们可以理解为，当她用具体数字表达梦想时，更有积极性。

👆 [确认 A]

这个问题是行为过程类问题，其目的是引出更详细的描述。

（4）请写下你注意到的信息。

求职者抬头向上看，使用了"副语言"，说明这是她第一次思考自己梦想的现实性，以及可以为之奋斗多少年。

👆［确认 B］

这个问题是行为过程类问题，其目的是引出更详细的描述。

（5）请写下你注意到的信息。

这是具体陈述内容。从内容中，我们知道求职者为实现梦想已经采取了行动。但我们并不清楚"海外试镜工作坊"是什么，可以进一步提问。

（6）请写下你注意到的信息。

发言内容、眉间的皱纹，实际行动，这些信息表明，求职者正在努力解释一些难以说明的事情。

👆［确认 C］

面试官将问题切换到了英语。如果求职者有强烈的出国工作的愿望，自然会事先练习英语口语。

（7）请写下你注意到的信息。

求职者低头，嘴角上扬，这是一种羞愧的表情。要么是她觉得说英文很难为情，或是她对自己只能说一点英语感到羞愧。

（8）请写下你注意到的信息。

面试官对求职者提问："你如何学习英语？"求职者并没有回答。可能她想说的是，她向住在民宿里的那些外国人学习英语。

（9）请写下你注意到的信息。

求职者在回答问题时伴随着"插图性肢体语言"。可能她自己也不知道民宿和合租公寓的区别。

从这些回答中，我们可以看出，这位求职者正在为实现自己的梦想一步一步努力，付诸实践。

有趣的是，当面试官将问题换成英语时，求职者的面部表情变化明显，动作幅度也变大了。我们无法判断，是不是这位求职者说英语时会更加兴奋。但可以明显地看出，这和她用日语回答问题时完全不同。求职者在回答面试官的开放式问题时，非常积极地表达了很多内容。这场面试基本上不需要采用提问技巧。

接下来，我们再来挑战另一个场景吧。

场景 2：面试官询问求职者离职的原因。

目标 2：求职者的说话内容后设有空白栏，请记录下你解读出的对方的真实意图。你还需注意"确认"标志部分，思考提问意图。

面试开始！

面试官：请说一说你的上一份工作。

求职者：那个，我不是在普通的公司上班，我在一家非盈利组织工作。怎么说呢，这份工作类似"植树"，工资不高。我想为社会和人类做贡献，所以选择了这份工作。

（1）请写下你注意到的信息。

面试官：我明白了。非盈利组织的工作确实很有意义。你去非营利组织找工作，具体有哪些经验呢？ 👉 ［确认 A］

求职者：没什么特别的。它们在招聘平台上发布有招聘岗位。

面试官：所以非盈利组织在招聘平台上招聘？

求职者：是的。之后就是普通面试。我看的不是《城市工作》这样的杂志，我——是在招聘平台上找的工作。

（2）请写下你注意到的信息。

面试官：当时你上招聘平台的动机是什么？

求职者：招聘平台的话，嗯，简单点说，就是我当时呢，没有工作，正在找下家。然后呢，我有一个信念，怎么说呢，就是想让世界，让地球变得更好，其实啊，我不是在找工作。只是浏览了招聘平台后，看到了一份工作条件。

（3）请写下你注意到的信息。

面试官：是一份什么样的工作条件？　👆 ［确认 B］

求职者：稍等，你问的是工作条件吗？不过，我关注的重点，与其说是工资，不如说是能不能休假。

（4）请写下你注意到的信息。

面试官：换个话题，你觉得上一家工作单位是个什么样的组织呢？工作氛围如何？ 👆［确认 C］

求职者：你是说工作的氛围吗？嗯，怎么说好呢，我第一次去，其实也没什么特别的。

（5）请写下你注意到的信息。👆［确认 D］

面试官：公司在哪一层呢？

求职者：哪层来着？我记得，不是很——

高，不在一层，好像在二层。我记不太

清了。

（6）请写下你注意到的信息。

面试官：几年前的事情呢？

求职者：大概，两年前。

（7）请写下你注意到的信息。

面试官：我知道了。能请你再说一说，应聘上一份工作的理由吗？是什么触发了你想为地球做一些贡献的想法呢？👉［确认 E］

求职者：嗯，说到地球啊，还挺难为情的。我想保护地球。

（8）请写下你注意到的信息。

面试官：你什么时候树立了这样的价值观？［确认 F］

求职者：其实很单纯，我只是在小学学

过吧。要么，从中学老师那里。小学课

堂应该算是我的启蒙，后来逐渐形成了

自己的价值观。但究竟是什么触发了我——

的行动，记不太清了。

（9）请写下你注意到的信息。

面试官：过去的事情不太记得了吧。👆［确认 G］

案例解析

（1）请写下你注意到的信息。

　　在回答这个问题时，求职者出现了一些认知负荷表现又或是压抑情绪的表情。比如"副语言"，眉头紧锁、眼睛看向空中沉思，抿紧嘴唇，等等。这个问题或许是一个很难回答的问题。

👉 ［确认 A］

这是一个行为过程类问题，目的是想问清前一个问题。

（2）请写下你注意到的信息。

求职者眉头紧锁。这是沉思的表情。"非盈利组织也在招聘平台上招聘"，这是一个闭环式提问，在闭环式提问中表现出沉思表情有些不自然。闭环式提问可以用"是"或"否"来回答。

（3）请写下你注意到的信息。

求职者在回答问题时，出现了较多的"副语言"和沉思的表情。说明对方并没有将自己的发言事先整理好。

👉 ［确认 B］

这是一个突出要点式问题。"我浏览招聘平台，看到一份工作条件。"求职者的回答缺乏连贯性。面试官的问题是为了确认求职者的发言是否有逻辑性。逻辑上来说，"一份工作条件"与上文"让地球变好的信念"缺乏逻辑连贯性。

（4）请写下你注意到的信息。

我们可以看到求职者抬头向上看，抿嘴唇。这表示他在思考，同时也表明他处于高认知负荷状态或情绪压抑。

为什么我们会观察到这些表情？结合求职者的回答内容分析，他很可能在撒谎。回答中，"一份工作条件"是提示语，但事实上，发言内容与提示语并不相符。当求职者被问到"是什么样的条件"时求职者重新回答了求职条件。

但这不能排除他只是误解了面试官的提问意图。之前求职者提到的条件是"为了地球"，现在变成了"能不能休假"，前后不一致。这使得我们不得不对求职者颠来倒去的发言持怀疑态度。

👆 ［确认 C］

尽管我们是基于求职者所说的话都是事实这一基础进行提问的。但我们还需要从表情信息入手，综合分析求职者在 NPO 的工作环境。

（5）请写下你注意到的信息。

求职者双眼睁大，嘴唇抿紧，这表明他在压抑自己惊讶的情绪。但他还是流露了惊讶的微表情。之后他回答问题时都带有"副语言"、沉思和结巴。求职者对关键性问题的回答也很模糊。上述这些都会让人对其回答的真实性产生怀疑。

👆［确认 D］

然而，我们还不能下定论确定对方在撒谎。为了唤醒求职者的记忆，我们可以继续提问。

（6）请写下你注意到的信息。

我们可以在求职者身上观察到掌控动作。但求职者的回答依旧支支吾吾，含糊不清。

（7）请写下你注意到的信息。

结巴、沉思、高认知负荷、压抑情绪。

👆［确认 E］

面试官再次追问上一份工作的工作经验，仍没有得到求职者明确的回答，所以换了问题。

（8）请写下你注意到的信息。

我们可以看到沉思、高认知负荷、压抑情绪的表情。

👆［确认 F］

这是一个时间类提问。

（9）请写下你注意到的信息。

从求职者的表情、姿势可以看出，他在沉思。而且他的回答含糊不清。

👆［确认 G］

回答问题时的万全之策是，即便你的回答不能令面试官满意，也不要给面试官留下不好的印象。因为你永远不知道下一次提问是什么时候。

总之，这位求职者对上一份工作经历的描述是撒了谎的。

我们可以从求职者的表情、声音中，嗅出他撒谎的蛛丝马迹，尤其是他的一些不自然的状态。比如高认知负荷、压抑情绪的表情，以及回答面试官问题时的消极态度。

后记

市面上可以轻松入门的心理学图书太少了。

这是我写这本书的初衷。

诸如此类，教你"看穿人们的真心和谎言"的图书随处可见。学海无涯，十多年来，我一直广泛涉猎这类图书。现在，只要市面上出了新书，我都会尽可能多地读一些。与此同时，我在心里萌生了一个疑问。

"为什么大多数图书介绍的都是一些伪科学和陈词滥调呢？"

究竟哪里不对劲呢？如果你按这些书上所写的那些已经被科学证伪的知识去实践，那么你极有可能会误解他人。

尤其是看穿谎言这一点，风险极高。你很有可能会将真心话看成谎言，冤枉他人，导致人际关系破裂。

同时，我发现在最新的专业图书和论文中，有很多更好的方法论。但为什么面向普通大众的心理学图书，依旧满纸写的都是陈旧的方法论呢？介绍高效方法和最新案例的图书为什么少之又少呢？

"我想写一本介绍微反应前沿科学的书。"

我怀着这样的信念，写了这本书。

本书所介绍的研究结果，都经过了严格甄选，并有科学依据。至于陈旧的知识，只要有用，我就原封不动地保留了下来。我用最新的方法论取代了那些似是而非的知识。为了让大家能够灵活运用书中介绍的知识，我尽可能地往书里加入了实践练习，有商务场景，也有日常生活中的案例。

希望本书能够帮助各位读者。请大家结合自身的经验，以及日后产生的新体验，去看待这个世界，并行动起来。我衷心希望本书可以成为各位读者理解人类内心的实用指南。